职业教育课程改革创新示范精品教材

砧板工作

（第2版）

主　编　牛京刚　范春玥　王　辰
副主编　刘雪峰　向　军　贾亚东
　　　　史德杰
参　编　刘龙　李寅　李冬

北京理工大学出版社
BEIJING INSTITUTE OF TECHNOLOGY PRESS

版权专有　侵权必究

图书在版编目（CIP）数据

砧板工作 / 牛京刚，范春玥，王辰主编. -- 2版. -- 北京：北京理工大学出版社，2021.11

ISBN 978-7-5763-0715-3

Ⅰ.①砧… Ⅱ.①牛… ②范… ③王… Ⅲ.①中式菜肴 - 烹饪 - 高等职业教育 - 教材 Ⅳ.①TS972.117

中国版本图书馆CIP数据核字(2021)第243403号

出版发行 / 北京理工大学出版社有限责任公司
社　　址 / 北京市海淀区中关村南大街5号
邮　　编 / 100081
电　　话 / （010）68914775（总编室）
　　　　　（010）82562903（教材售后服务热线）
　　　　　（010）68944723（其他图书服务热线）
网　　址 / http://www.bitpress.com.cn
经　　销 / 全国各地新华书店
印　　刷 / 定州启航印刷有限公司
开　　本 / 889毫米×1194毫米　1/16
印　　张 / 7
字　　数 / 150千字
版　　次 / 2021年11月第2版　2021年11月第1次印刷
定　　价 / 27.00元

责任编辑 / 钟　博
文案编辑 / 杜　枝
责任校对 / 刘亚男
责任印制 / 边心超

图书出现印装质量问题，请拨打售后服务热线，本社负责调换

序 PREFACE

以就业为导向的职业教育，是一种跨越职业场和教学场的职业教育，是一种典型的跨界教育。跨界的职业教育，必然要有跨界的思考。职业教育课程作为人才培养的核心，其跨界特征也决定了职业教育的课程，职业教育课程是一种跨界的课程。

课程开发必须解决两个问题：一是课程内容如何选择；二是课程内容如何排序。第一个问题很好理解，培养科学家、培养工程师、培养职业人才所要教授的课程内容是不同的；而第二个问题却是课程开发的关键所在。所谓课程内容的排序，是指课程内容的结构化。知识只有在结构化的情况下才能传递，没有结构的知识是难以传递的。但是，长期以来，教育却陷入了一个怪圈：以为课程内容只有一种排序方式，即依据学科体系的排序方式来组织课程内容，其所追求的是知识的范畴、结构、内容、方法、组织以及理论的历史发展。形象地说，这是在盖一个知识的仓库，所追求的是仓库里的每一层、每一格、每一个抽屉里放什么，所搭建的只是一个堆栈式的结构。然而，存储知识的目的在于应用。在一个人的职业生涯中，应用知识远比存储知识重要。因此，相对于存储知识的课程范式，一定存在着一个应用知识的课程范式。国际上把应用知识的教育称之为行动导向的教育，把与之相应的应用知识的教学体系称之为行动体系，也就是做事的体系，或者更通俗地、更确切地说，是工作的体系。这就意味着，除了存储知识的学科体系课程，还应该有一个应用知识的行动体系的课程，即存在一个基于行动体系的课程内容的排序方式。

基于行动体系课程的排序结构，就是工作过程。它所关注的是工作的对象、方式、内容、方法、组织以及工具的历史发展。按照工作过程排序的课程，是基于知识应用的课程，关注的是做事的过程、行动的过程。所以，教学过程或学习过程与工作过程的对接，已成为当今职业教育课程改革的共识。

但是，对实际的工作过程，若仅经过一次性的教学化的处理后就用于教学，很可能只是复制了一个具体的工作过程。这里，从复制一个学科知识的仓库到复制一个具体工作过程，尽管是向应用知识的实践转化，然而由于没有一个比较、迁移、内化的过程，学生很难获得可持续发展的能力。根据教育心理学"自迁移、近迁移和远迁移"的规律，以及中国哲学"三生万物"的思想，按照职业成长规律和认知学习规律，将实际的工作过程，进行三次以上的教学化处理，并将其演绎为三个以上的有逻辑关系的、用于教学的工作过程，强调通过比较学习的方式，实现迁移、内化，进而使学生学会思考，学会发现、分析和解决问题，掌握资讯、计划、决策、实施、检查、评价的完整的行动策略，将大大促进学生的可持续发展。所以，借助于具体工作过程——"小道"的学习及其方法的习得实践，去掌握思维的工作过程——"大道"的思维和方法论，将使学生能从容应对和处置未来和世界可能带来的新的工作。

近年来，随着教学改革的深入，我国的职业教育正是在遵循"行动导向"的教学原则，强调在"为了行动而学习""通过行动来学习"和"行动就是学习"的教育理念以及在学习和借鉴国内外职业教育课程改革成功经验的基础之上，有所创新，形成了"工作过程系统化的课程"开发理论和方法。现在，这个教学原则已为广大职业院校一线教师所认同、所实践。

烹饪专业是以手工技艺为主的专业，比较适合以形象思维见长、善于动手的职业院校学生学习。烹饪专业学生职业成长具有自身的独特规律，如何借鉴工作过程系统化课程理论及其开发方法以及如何构建符合该专业特点的特色课程体系，是一个非常值得深入探究的课题。

令人欣喜的是，作为我国职业教育领域中一所很有特色的学校，有着 30 年烹饪办学经验的北京劲松职业高中，这些年来，在烹饪专业课程教学的改革领域进行了全方位的改革与探索。通过组建由烹饪行业专家、职业教育课程专家和一线骨干教师构成的课程改革团队，学校在科学的调研和职业岗位分析的基础上确立了对烹饪人才的技能、知识和素质方面的培训要求，同时还结合该专业的特色，构建了烹饪专业工作过程系统化的理论与实践一体化的课程体系。

基于我国教育的实际情况，北京劲松职业高中在课程开发的基础上，编写了一套烹饪专业的工作过程系统化系列教材。这套教材以就业为导向，着眼于学生综合职业能力的培养，以学生为主体，注重"做中学，做中教"，其探索执着，成果丰硕，而主要特色，有以下几点：

（1）按照现代烹饪行业岗位群的能力要求，开发课程体系。

该课程及其教材遵循工作过程导向的原则，按照现代烹饪岗位及岗位群的能力要求，确定典型工作任务，并在此基础上对实际的工作任务和内容进行教学化的处理、加工与转化，通过进一步的归纳和整合，开发出基于工作过程的课程体系，以使学生学会在真实的工作环境，运用知识和岗位间协作配合的能力，为未来顺利适应工作环境和今后职业发展奠定坚实基础。

（2）按照工作过程系统化的课程开发方法，设置学习单元。

该课程及其教材根据工作过程系统化课程开发的路线，以现代烹饪企业的厨房基于技法细化岗位内部分工的职业特点及职业活动规律，以真实的工作情境为背景，选取最具代表性的经典菜品、制品或原料作为任务、单元或案例性载体的设计依据，按照由易到难、由基础到综合的递进式逻辑顺序，构建了三个以上的学习单元（即"学习情境"），体现了学习内容序化的系统性。

（3）对接现代烹饪行业和企业的职业标准，确定评价标准。

该课程及其教材针对现代烹饪行业的人才需求，融入现代烹饪企业岗位或岗位群的工作要求，对接行业和企业标准，培养学生的实际工作能力。在理实一体化的教学层面，以工作过程为主线，夯实学生的技能基础；在学习成果的评价层面，融入烹饪职业技能鉴定标准，强化练习与思考环节，通过专门设计的技能考级的理论与实操试题，全面检验学生的学习效果。

这套基于工作过程系统化的教材的编写和出版，是职业教育领域深入开展课程和教材改革的新成效的具体体现，是一个具有多年实践经验和教改成果的劲松职业高中的新贡献。我很荣幸将这套教材介绍并推荐给读者。

我相信，北京劲松职业高中在课程开发中的有益探索，一定会使这套教材的出版得到读者的青睐，也一定会在职业教育课程和教学的改革与发展中起到标杆的作用。

我希望，北京劲松职业高中开发的课程及其教材在使用的过程中，不断得到改进、完善以及提高，为更多精品课程教材的开发夯实基础。

我也希望，北京劲松职业高中业已形成的探索、改革与研究的作风能一以贯之，在建立具有我国特色的职业教育和高等职业教育的课程体系的改革中做出更大的贡献。

改革开放以来，职业教育为中国经济社会的发展，做出了普通教育不可替代的贡献，不仅为国家的现代化培养了数以亿计的高素质劳动者和技能型人才，而且在提高教育质量的改革中，职业教育创新性的课程开发成功的经验与探索——已从基于知识存储的结果形态的学科知识系统化的课程范式，走向基于知识应用的过程形态的工作过程的课程范式，大大丰富了我国教育的理论与实践。

历史必定会将职业教育的"功勋"铭刻在其里程碑上。

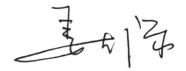

　　本书根据《国家中长期教育改革和发展规划纲要》中"以服务为宗旨,以就业为导向,推进教育教学改革"的要求,贯彻《国家职业教育改革实施方案》的精神,深入推进"三教"改革,落实立德树人根本任务;同时遵循北京市以工作过程为导向的专业课程改革理念,以中餐烹饪专业人才培养方案和北京市职业学校工作过程导向的中餐烹饪专业核心课程标准为依据,结合新课程实施情况,以校企合作的方式编写。学习砧板技术的意义是:美化菜肴、便于烹饪、有利饮食。

　　《砧板工作（第2版）》课程是通过开档、沟通领料、品质鉴定,对果蔬食用菌类、畜肉类、禽肉类、水产类的细加工,整理保管、收档等职业活动直接转换成的课程,是按岗位任务要求展开的。根据砧板典型职业活动,以工作任务为载体,确定了四个学习单元,即果蔬类原料细加工、畜肉类原料细加工、禽肉类原料细加工、水产类原料细加工。其中单元一由6个任务组成,单元二由3个任务组成,单元三由3个任务组成,单元四由6个任务组成,四个单元共180课时。任务编排的原则是由易到难,循序渐进,涵盖了单元的全部教学目标。

　　《砧板工作（第2版）》的单元导读主要包括单元学习内容、任务简介、学习要求等。"开档"与"收档"、常用设备工具主要在附录中介绍,这样可避免在每个任务中的重复。每个任务所需的特殊工具在单独任务中介绍。

　　本书中每个任务的编排共分为6个环节:任务描述、相关知识、成品标准、加工前准备、制作过程、评价标准。在学习知识、训练技能的同时,注重方法能力和社会能力的培养。

　　本书突出体现了以下特色:

　　第一,本书突破过去以技能为主线的编写方式,现在以任务为载体,按任务由简到繁进行排列,技能学习的规律分别整合在任务中。学习过程中在任务完成的同时,关键技能和综合职业能力也得到了训练。

　　第二,本书内容注意与餐饮企业接轨,以企业的需求为教学目标。本书内容来自企业真实的工作任务,吸纳了烹饪行业企业的新知识、新技术、新工艺、新方法。企业技术人员与专业教师对烹饪经验的总结与提升融在本书内容中,能让学生在学习中体验经验。本书与职业技能鉴定的内容相衔接，体现了烹饪新的要求，实用性强。

第三，本书将知识巩固、技能掌握与价值塑造有机融合。例如在"工作过程"环节，按工作流程要给出规范操作，结合工作实际提示关键技能，预设可能会出现的问题，引导学生思考、探究，培养方法能力与社会能力，并在实践中强化标准意识、安全意识、卫生意识，加强团队合作，举一反三，加强劳动教育，践行工匠精神。

第四，本书图文并茂，丰富的数字资源支持混合式教学改革。传统教材过分强调理论知识、技法传授，与原料细加工成品区别不大，图示很少且简单等，本书改变了这些弊端，图文并茂，文字表达准确、精练，符合学生的认知水平和思维习惯，方便学生自学和自我评价。此外，本书配套了18个任务的技能操作视频、PPT及检测题，建设了线上精品课程，适用于开展混合式教学。

本书是北京市以工作过程为导向的专业课程改革中餐烹饪专业核心课程教材，教学中与《水台工作》前后衔接，配合使用，适用于所有开设该专业的中等职业学校。教材在编写过程中，教学目标涵盖了专业课程目标、劳动部技能证书考试标准、行业标准及全国职业院校技能大赛标准。因此，本书同时适用于劳动部考证培训及各类相关企业培训。

本书编写团队实力雄厚，由行业专家、课程专家全程指导，企业厨房高管、一线高技能人才参与编写。主编牛京刚老师是北京市劲松职业高中高级讲师、中烹高级技师、中国烹饪大师、中国餐饮30年杰出人物、全国烹饪大赛评委、国家劳动技能鉴定裁判、北京市职业院校专业带头人、北京电视台《食全食美》表演大厨；副主编刘雪峰是中国烹饪大师、山东省劳动模范，享受国务院特殊津贴专家；向军老师是正高级讲师、全国模范教师、中烹高级技师、中国烹饪大师；李冬是北京瑜舍酒店行政总厨。具体编写分工为：牛京刚、范春玥负责单元一中任务一、任务二、任务三的编写；刘雪峰、李寅负责单元一中任务四、任务五、任务六的编写；王辰、刘龙负责单元二的编写；向军、李冬负责单元三的编写；史德杰、贾亚东负责单元四中任务一、任务二、任务三的编写；牛京刚、王辰负责单元四中任务四、任务五、任务六的编写。

本书在编写过程中，得到了北京市课改专家杨文尧校长、北京市烹饪特级教师李刚校长的指导。香港马会、北京瑞吉酒店、北京瑜舍酒店等多家企业给予了热情支持，在此深表谢意。

本书中遗漏和欠妥之处在所难免，真诚希望专家、同行批评指正，以便下一次修订完善。

编　者

2021年1月

目录
CONTENTS

单元一　果蔬类原料细加工 1

　　任务一　白菜的细加工 4

　　任务二　莴笋、土豆的细加工 8

　　任务三　黄瓜的细加工 12

　　任务四　扁豆的细加工 17

　　任务五　菜花的细加工 21

　　任务六　香菇的细加工 25

单元二　畜肉类原料细加工 31

　　任务一　猪肉的细加工 33

　　任务二　牛肉的细加工 37

　　任务三　羊肉的细加工 42

单元三　禽肉类原料细加工 47

　　任务一　鸡的细加工 49

　　任务二　鸭子的细加工 54

　　任务三　鸽子的细加工 60

单元四　水产类原料细加工 64

　　任务一　草鱼的细加工 67

　　任务二　鳝鱼的细加工 72

　　任务三　鱿鱼的细加工 76

　　任务四　海螺的细加工 80

　　任务五　白虾的细加工 83

　　任务六　螃蟹的细加工 87

附　录 90

　　附录一　砧板开档与收档 91

　　附录二　砧板岗位工具保养与正确的操作姿势 97

单元一　果蔬类原料细加工

单元导读

一、学习内容

单元一的工作任务分别是白菜的细加工，莴笋、土豆的细加工，黄瓜的细加工，扁豆的细加工，菜花的细加工，香菇的细加工，是从果蔬类原料中选取的典型初加工原料。通过加工以上原料，可以让学生了解果蔬类原料初加工的操作步骤。要求学生能运用直刀法推切、推拉切、锯切、滚刀切，平刀法滚料上片、滚料下片，斜刀法斜刀拉片（批）、斜刀推片（批）、小刀削等技法对原料进行细加工，为热菜厨房提供符合标准的原料。

二、任务简介

本单元由六个任务组成，其中任务一是"叶菜类"细加工，选用的典型蔬菜是白菜原料。利用直刀法推切和斜刀法斜刀拉片（批）等技法对白菜进行细加工。

任务二是"根茎类"细加工，选用的典型蔬菜是莴笋和土豆原料。利用直刀法推拉切和直刀法锯切等技法对莴笋和土豆进行细加工。

任务三是"瓜果类"细加工，选用的典型蔬菜是黄瓜原料。利用直刀法滚料切及斜刀法斜刀推片（批）、平刀滚料上片（批）及平刀滚料下片（批）等技法对黄瓜进行细加工。

任务四是"豆类"细加工，选用的典型蔬菜是扁豆原料。利用直刀法推切和直刀法推拉切等技法对扁豆进行细加工。

任务五是"花菜类"细加工，选用的典型蔬菜是菜花原料。利用小刀削等技法对菜花进行细加工。

任务六是"食用菌类"细加工，选用的典型食用菌类蔬菜是香菇原料。利用直刀法推切等技法对香菇进行细加工。

三、学习要求

本单元的学习任务要求要在与企业厨房生产环境一致的实训环境中完成。学生通过实际训练，能够初步体验适应砧板工作环境；能够按照砧板岗位工艺流程基本完成开档和收档工作；能够按照砧板岗位工艺流程运用砧板原料细加工技法完成蔬菜类原料的细加工，为热菜厨房提供合格的细加工原料。并在工作中培养合作意识、安全意识和卫生意识。

四、岗位工作知识简介

岗位工作流程：

砧板厨房的开档，整理工具，并对工具进行消毒 ➡ 依单领取原料，对初加工原料进行鉴别 ➡ 对原料进行细加工

砧板厨房收档，清洗工具设备，清理工作区域 ⬅ 对剩余原料进行保管 ⬅ 细加工制品转入热菜厨房

任务一 白菜的细加工

一、任务描述

[内容描述]

在厨房砧板岗位环境中,利用直刀法推切和斜刀法斜刀拉片(批)等技法,为炒锅提供加工好的白菜丝及白菜片原料。

[学习目标]

(1)理解砧板工具的使用和保养。

(2)对初加工后的白菜品质进行鉴别。

(3)能利用直刀法推切对白菜进行切丝加工。能用斜刀法斜刀拉片(批)对白菜进行切片加工。

(4)能够对加工好的白菜条和白菜片原料进行分类保管。

(5)培养学生砧板厨房的消防安全意识。

二、相关知识

[直刀法—推刀切]

这种刀法操作时要求刀与墩面垂直,刀自上而下又由后向前、由上而下推刀下去,一刀到底,着力点在刀的中后端将白菜断开。这种刀法主要用于把白菜加工成丝的形状,然后在片的形状的基础上,施用此刀法,可加工出丁、丝、条、块、粒或其他几何形状。

适应原料:茄子、黄瓜、莴笋、净鱼肉等。

[斜刀法—斜刀拉片]

这种刀法在操作时要求将刀身倾斜,刀背朝右前方,刀刃自左前方向右后方运动,将原料片(批)开。

斜刀拉片适宜加工各种韧性原料,如腰子、净鱼肉、大虾肉、猪牛羊肉等。

适应原料:西芹、白菜、黄瓜等。

三、成品标准

对白菜进行细加工，细加工后的白菜头应分为丝、片两种。其中丝的成品规格应为长7厘米、粗0.6厘米×0.6厘米；片的成品规格应为长6厘米、宽4厘米、厚0.4厘米（如图1-1-1所示）。

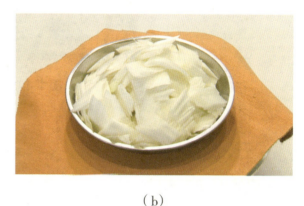

（a） （b）

图1-1-1 白菜成品

（a）白菜丝；（b）白菜片

四、加工前准备

[砧板工作环境]

砧板厨房应具备保鲜柜、冷柜。室内常温，光线明亮，有上下水、水池（消毒池）、工作台、相对独立的工作环境。

[砧板工具]

菜墩、片刀、刮皮刀、刀架、挡刀棍、磨刀石、料筐、桶、盆、方盘、马斗。

[砧板设备]

不锈钢四门冰柜、货架车、卧式冷藏冰箱、操作台、单槽水池、蔬菜甩干机。

[原料准备]

白菜（如图1-1-2所示）原产于我国北方，种类很多。北方的大白菜有山东胶州大白菜、北京青白、天津青麻叶大白菜、东北大矮白菜、山西阳城的大毛边等。白菜是人们生活中不可缺少的一种重要蔬菜，味道鲜美可口，营养丰富，素有"菜中之王"的美称，古人称大白菜为菘，具有很高的养生价值，是北方理想的冬储菜，为广大群众所喜爱。大白菜由芸薹演变而来，以柔嫩的叶球、莲座叶或花茎供食用。栽培面积和消费量在中国居各类蔬菜之首。

图 1-1-2　白菜原料

五、制作过程

白菜的细加工方法

（一）白菜丝

1. 切白菜丝的操作方法

其方法如图 1-1-3 所示。

步骤一：将白菜叶与白菜帮用刀分开。

步骤二：将白菜帮推切成段。

步骤三：刀从上至下，自右后方朝左前方推切下去，将原料切断。如此反复推切，至切完原料为止。

图 1-1-3　切丝

2. 切白菜丝的技术要求

直刀切丝要做到双垂直：刀与原料垂直，刀与墩面垂直。左手运用指法朝左后方移动，每次移动要求刀距相等。刀在运行切割白菜时，通过右手腕的起伏跳动，使刀产生一个小弧度，从而加大刀在白菜上的运行力度，避免"连刀"的现象。

（二）白菜片

1. 切白菜片的操作方法

其方法如图 1-1-4 所示。

任务一　白菜的细加工

步骤一：将白菜放置在墩面，将白菜帮从中间切开。

步骤二：用刀刃的中部对准白菜被片（批）部位，按照目测的厚度，刀倾斜45度片入原料，从刀刃的中部向后拉动，将白菜片（批）开。直至将白菜片完为止。

图 1-1-4　切片

2. 切白菜片的技术要求

刀在运动过程中，刀膛要紧贴白菜，避免白菜被粘走或滑动，刀身的倾斜度要根据白菜成形的规格要求灵活调整。每片（批）一刀以后，刀与左手同时移动一次，并保持刀距相等。

（三）菜品切制后的保鲜

将加工好的白菜丝和白菜片分别放入保鲜盒内，外标加工原料品名、日期、重量和加工厨师姓名，入保鲜柜保鲜（温度控制在 1～4 摄氏度）。

六、评价标准

原料细加工规格如表 1-1-1 所示。

表 1-1-1　原料细加工规格

原料名称	评价标准	权重/%	得分
白菜500克	加工后白菜应洁净、形态规整	20	
	两项各不超过10分钟	20	
	白菜丝长7厘米、粗0.6厘米×0.6厘米	20	
	白菜片长6厘米、宽4厘米、厚0.4厘米	20	
	操作过程符合砧板卫生标准	20	

任务二 莴笋、土豆的细加工

一、任务描述

[内容描述]

在厨房砧板岗位环境中,利用直刀法推拉切和直刀法锯切等技法,为炒锅提供加工好的土豆丝及莴笋片原料。

[学习目标]

(1)理解土豆丝、莴笋片的操作要领。
(2)对初加工后的莴笋、土豆品质进行鉴别。
(3)能用直刀法推拉切对土豆进行切丝加工。能用直刀法锯切对莴笋进行切片练习。
(4)能够对加工好的土豆丝和莴笋片原料进行分类保管。
(5)培养学生砧板厨房的操作安全意识。

二、相关知识

[直刀法—推拉切]

推拉切是刀刃前部位切入原料之后,先从右后方向左前方推切下去,切至一半后再由左前方向右后方拉刀,直至切断原料的方法。推拉切是推切和拉切两个动作的结合。

适应原料:冬笋、胡萝卜、猪肉、鸡肉等。

[直刀法—锯切]

锯切刀法是推切和拉切刀法的结合,是比较难掌握的一种刀法。锯切刀法是刀与原料垂直,切时先将刀向前推,然后再向后拉,这样一推一拉反复进行,像拉锯一样切断原料。

适应原料:莴笋、白萝卜、猪肉、羊肉等。

三、成品标准

对莴笋、土豆进行细加工,细加工后的莴笋、土豆应分为丝、片两种。其中丝的成品规格应为长7厘米、粗0.2厘米×0.2厘米;片的成品规格应为长4厘米、宽3厘米、厚0.2厘米(如图1-2-1所示)。

图 1-2-1　莴笋、土豆成品

（a）莴笋；（b）土豆

四、加工前准备

[砧板工作环境]

砧板厨房应具备保鲜柜、冷柜。室内常温，光线明亮，有上下水、水池（消毒池）、工作台、相对独立的工作环境。

[砧板工具]

菜墩、片刀、刮皮刀、刀架、挡刀棍、磨刀石、料筐、桶、盆、方盘、马斗。

[砧板设备]

不锈钢四门冰柜、货架车、卧式冷藏冰箱、操作台、单槽水池、蔬菜甩干机。

[原料准备]

莴笋（如图 1-2-2 所示）又称莴苣，菊科莴苣属莴苣种，能形成肉质嫩茎的变种，草本植物。别名茎用莴苣、莴苣笋、青笋、莴菜。产期：1～4 月。原产地中海沿岸。地上茎可供食用，茎皮白绿色，茎肉质脆嫩，幼嫩茎翠绿，成熟后转变白绿色。一年生蔬菜，主要食用肉质嫩茎，生食、凉拌、炒食、干制或腌渍，嫩叶也可食用。茎、叶中含莴苣素，味苦，有镇痛的作用。莴笋的适应性强，可春、秋两季或越冬栽培，以春季栽培为主，夏季收获。

图 1-2-2　莴笋

马铃薯（如图 1-2-3 所示），茄科茄属，草本植物，别称地蛋、洋芋、土豆、山药蛋等。马铃薯是中国五大主食之一，其营养价值高、适应力强、产量大，是全球第三大重要的粮食作物，仅次于小麦和玉米。马铃薯是块茎繁殖，可入药，性平味甘，主治胃痛、痄腮、痈肿等疾病。作为食物，其保存周期不宜太长，且一定要低温、干燥、密闭保存（注：变绿或者生出幼芽有轻微毒性）。

图 1-2-3　马铃薯

五、制作过程

（一）莴笋的细加工方法

1. 切莴笋片的操作方法

其方法如图 1-2-4 所示。

步骤一：左手按住原料，防止原料滑动。用中指第一关节弯曲处顶住刀膛。

步骤二：右手持刀，刀身与手背、前臂呈一条直线。刀从上至下，刀刃进入原料后，先进行推切，推切近一半后往后拉刀切断料。如此反复将原料切完。

图 1-2-4　笋片加工

2. 切莴笋片的技术要求

持刀稳，握刀姿势正确，手腕和前臂协调用力。双手紧密配合，左手弯曲呈弓形按住原料，中指第一关节顶住刀身，右手拿稳刀，先推后拉，行刀断料。

（二）土豆的细加工方法

1. 切土豆丝的操作方法

其方法如图 1-2-5 所示。

步骤一：将土豆切出一个截面，以便于更稳固地放在案板上。

步骤二：利用锯切法切出土豆片。

步骤三：将土豆片重叠放置于案板，利用跳刀法切出土豆丝。

图 1-2-5　土豆丝加工

2. 切土豆丝的技术要求

首先要求掌握推刀切和拉刀切各自的刀法，再将两种刀法连贯起来。操作时，用力要充分，动作要连贯。

（三）菜品切制后的保鲜

将加工好的土豆丝和莴笋片分别放入保鲜盒内，土豆丝先用清水浸泡，使其淀粉渗出，以防变黑，外标加工原料品名、日期、重量和加工厨师姓名，入保鲜柜保鲜（温度控制在1～4摄氏度）。

六、评价标准

原料细加工规格如表 1-2-1 所示。

表 1-2-1　原料细加工规格

原料名称	评价标准	权重/%	得分
土豆、莴笋各500克	加工后土豆丝、莴笋片应洁净、形态规整	10	
	两项各不超过10分钟	15	
	土豆丝长7厘米、粗0.2厘米×0.2厘米	30	
	莴笋片长4厘米、宽3厘米、厚0.2厘米	30	
	操作过程符合砧板卫生标准	15	

任务三 黄瓜的细加工

一、任务描述

[内容描述]

在厨房砧板岗位环境中,利用直刀法滚料切及斜刀法斜刀推片(批)、平刀滚料上片(批)及平刀滚料下片(批)等技法,为炒锅提供加工好的黄瓜块、黄瓜片、黄瓜卷原料。

[学习目标]

(1)理解黄瓜块、黄瓜片、黄瓜卷的操作要领。

(2)对初加工后的黄瓜品质进行鉴别。

(3)能用直刀法、滚刀切对黄瓜进行切块加工,利用斜刀法斜刀推片(批)对黄瓜进行片的加工,利用平刀法平刀滚料上片(批)及平刀法平刀滚料下片(批)进行卷的加工。

(4)能够对加工好的黄瓜滚料块原料及黄瓜片、黄瓜卷进行分类保管。

(5)培养学生砧板厨房的行业规范。

二、相关知识

[滚料切]

滚刀切又称为"滚切",是将原料加工成滚料块(或称滚刀块)的一种直刀法,主要用于圆形、圆柱形、圆锥形等原料。操作时左手按住原料,右手持刀,刀面与原料呈一定夹角。每切一刀,将原料滚动一次,从而加工成不规则块状的刀工技法。

滚料切适宜加工各种质地松软、韧性及脆性原料。

[斜刀推片(批)]

斜刀法是一种刀与墩面或刀与原料之间呈大于0度且小于90度或大于90度且小于180度的一个斜角,左手扶稳原料,右手持刀,使刀在原料中做倾斜运动,将原料片(批)开的一种行刀技法。这种刀法按照刀具与墩面或原料所呈的角度称为斜刀法,它可以分为斜刀拉片和斜刀推片两种方法。刀口向里,刀膛外侧与墩面或原料呈0~90度的行刀技法称为斜刀拉片。刀口向外,刀膛里侧与墩面或原料呈90~180度的行刀技法称为斜刀推片。斜刀法主要用于将原料加工成片的形状。

适应原料：黄瓜、西芹、苦瓜、白菜等。

[滚料片（批）]

平刀滚料片又称旋料片，（下片）操作时要求刀膛与墩面平行，刀从右向左运动，同时原料由右向左不断滚动，片（批）下原料。（上片）操作时要求刀膛与原料平行，刀从右向左运动，同时原料由左向右不断滚动，片（批）下原料。应用这种刀法主要是将圆形或圆柱形的原料加工成较大的片。滚料片（批）可分为滚料上片和滚料下片两种操作方法。

适应原料：黄瓜、胡萝卜、猪通脊、鸡脯等。

三、成品标准

对黄瓜进行细加工，利用平刀法滚料上片或滚料下片。细加工后的黄瓜为卷，成品规格：长约 15 厘米，宽约 6 厘米，厚约 0.15 厘米，薄厚一致，不断刀。利用直刀法滚料切为滚料块，成品规格长 3 厘米（如图 1-3-1 所示）。

（a）

（b）

图 1-3-1 黄瓜成品

（a）黄瓜卷；（b）黄瓜块

四、加工前准备

[砧板工作环境]

砧板厨房应具备保鲜柜、冷柜。室内常温，光线明亮，有上下水、水池（消毒池）、工作台、相对独立的工作环境。

[砧板工具]

菜墩、片刀、刮皮刀、刀架、挡刀棍、磨刀石、料筐、桶、盆、方盘、马斗。

[砧板设备]

不锈钢四门冰柜、货架车、卧式冷藏冰箱、操作台、单槽水池、蔬菜甩干机。

[原料准备]

黄瓜（如图 1-3-2 所示），也称胡瓜、青瓜，属葫芦科植物。是由西汉时期张骞出使西域带回中原的，称为胡瓜。黄瓜广泛分布于中国各地，并且为主要的温室产品之一。黄瓜食用部分为幼嫩子房。果实颜色呈油绿或翠绿。黄瓜亦可入药。

图 1-3-2　黄瓜原料

五、制作过程

（一）黄瓜的细加工方法

1. 黄瓜切滚料块的操作方法

其加工如图 1-3-3 所示。

步骤一：左手按住原料，右手持刀。

步骤二：刀身垂直，与原料呈一定的夹角。

步骤三：每切一刀，将原料滚动一次，直到切完为止。

图 1-3-3　切块

2. 黄瓜切滚料切块的技术要求

左手按稳原料，左手中指的第一个关节抵住刀身，右手持刀，刀身垂直，与原料呈一定夹角，每切一刀，原料向后滚动一次（原料的滚动和方向要保持一致），反复进行。

3. 黄瓜斜刀推片（批）的操作方法

其方法如图 1-3-4 所示。

步骤一：将原料放置于砧板中心。

步骤二：刀刃向外，刀身紧贴左手四指，与原料、菜墩呈锐角。

步骤三：运刀方向由左后方向右前方推进，使原料断开。

图 1-3-4　切片

4. 黄瓜斜刀推片（批）的技术要求

每切一刀，就要将左手向后退一次，每次向后移动的距离要基本一致，使切下的原料大小、厚薄一致。根据原料规格决定刀的倾斜度。刀不宜提得过高，以免伤手。

5. 黄瓜滚料上片（批）的操作方法

其方法如图 1-3-5 所示。

步骤一：将原料放置在墩面里侧，左手扶稳原料，右手持刀，与墩面或原料平行，用刀刃的中前部位对准原料被片（批）的位置，并将刀锋进入原料。

步骤二：左手将原料平稳地向右推动，使原料慢慢地转动，右手持刀，随着原料的滚动也作向左同步运行，逐渐地将原料片开。

步骤三：刀具在原料中如此反复运行，直至将原料表皮全部批下或加工至所需要大小的片为止。

图 1-3-5　滚料上片

6. 黄瓜滚料上片（批）的技术要求

刀要端平，不可忽高忽低，否则容易将原料中途片（批）断，影响成品质量和规格。刀推进的速度与原料滚动的速度应保持一致。

7. 黄瓜滚料切下片（批）的操作方法

其方法如图 1-3-6 所示。

步骤一：将原料放置在墩面里侧，左手扶稳原料，右手持刀端平，用刀刃的中部对准原料被片（批）的部位，根据需要的厚度将刀锋进入原料内部。

步骤二：用左手的四个手指慢慢拉动原料，使原料慢慢地向左边滚动，右手持刀，也随之向左边片慢慢（批）进。

步骤三：刀具在原料内按照此法反复进行，直至将原料完全片（批）开，或加工成需要的规格。

图 1-3-6　滚料切下片

8. 黄瓜滚料切下片（批）的技术要求

在操作过程中，刀膛与墩面始终应保持平行，刀刃在运行时不可忽高忽低，否则会影响成形规格和质量。原料滚动的速度应与刀运行的速度一致。

（二）菜品切制后的保鲜

将加工好的黄瓜块分别放入保鲜盒内，外标加工原料品名、日期、重量和加工厨师姓名，入保鲜柜保鲜（温度控制在 1～4 摄氏度）。

六、评价标准

原料细加工规格如表 1-3-1 所示。

表 1-3-1　原料细加工规格

原料名称	评价标准	权重/%	得分
黄瓜（黄瓜块500克，黄瓜卷150克）	加工后黄瓜滚料上、下片应洁净、形态规整	10	
	块3分钟，卷7分钟	10	
	滚料切	20	
	斜刀推片	20	
	滚料上片、滚料下片	30	
	操作过程符合砧板卫生标准	10	

任务四　扁豆的细加工

一、任务描述

[内容描述]

在厨房砧板岗位环境中，利用直刀法推切和直刀法推拉切等技法，为炒锅提供加工好的扁豆段及扁豆丝原料。

[学习目标]

（1）理解扁豆段、扁豆丝的操作要领。
（2）对初加工后的扁豆品质进行鉴别。
（3）能用直刀法推切对扁豆进行切段加工。能用直刀法推拉切对扁豆进行丝加工。
（4）能够对加工好的扁豆段和扁豆丝原料进行分类保管。
（5）培养学生砧板厨房的工具保养意识。

二、相关知识

[直刀法—推刀切]

这种刀法操作时要求刀与墩面垂直，刀自上而下从右后方向左前方推刀下去，一刀到底，着力点在刀的中端将扁豆断开。再施用其他刀法，加工出丁、丝、条、粒、段或其他几何现状。

适应原料：黄瓜、西葫芦、豇豆等。

[直刀法—推拉切]

拉刀的操作方法是：刀口由上到下、由前向后运动，刀的着力点在前端，还有一种握刀手法是：握住刀面由前向后速度特别快地拉，一般适合于脆性原料。推拉切的刀法必须垂直原料，切时刀向左前方推切，然后再向右后方拉切，着力点在刀的前端，一刀拉到底。一般用于切质地坚韧的原料。

适应原料：萝卜、土豆、扁豆、猪肉、羊肉等。

三、成品标准

对扁豆进行细加工,细加工后扁豆应分为段、丝两种。其中段的成品规格应为长6厘米;丝的成品规格应为长7厘米、宽0.3厘米、厚0.3厘米(如图1-4-1所示)。

(a) (b)

图1-4-1 扁豆成品

(a)扁豆段;(b)扁豆丝

四、加工前准备

[砧板工作环境]

砧板厨房应具备保鲜柜、冷柜。室内常温,光线明亮,有上下水、水池(消毒池)、工作台、相对独立的工作环境。

[砧板工具]

菜墩、片刀、刮皮刀、刀架、挡刀棍、磨刀石、料筐、桶、盆、方盘、马斗。

[砧板设备]

不锈钢四门冰柜、货架车、卧式冷藏冰箱、操作台、单槽水池、蔬菜甩干机。

[原料准备]

扁豆(如图1-4-2所示),通用名藊豆,别名火镰扁豆、膨皮豆、藤豆、沿篱豆、鹊豆、查豆、芸豆、四季豆。为豆科扁豆属一年生、缠绕藤本植物。世界各热带地区均有栽培。扁豆花有红、白两种,豆荚有绿白、浅绿、粉红或紫红等色。嫩荚作蔬食,白花和白色种子入药,有消暑除湿、健脾止泻之效。扁豆含有色角素和血红蛋白拟制酶,加热后能挥发掉,烹调时一定要加热到位,提倡炖、焖,清炒、干煸时一定要防食物中毒。

图 1-4-2　扁豆原料

五、制作过程

（一）扁豆的细加工方法

1. 扁豆切段的操作方法

其方法如图 1-4-3 所示。

步骤一：左手扶稳扁豆，右手持刀。

步骤二：右手持刀，垂直于原料被切位置。

步骤三：刀从上至下、自右后方朝左前方推切下去，将原料切断。如此反复推切，至切完原料为止。

图 1-4-3　切段

2. 扁豆切段的技术要求

右手运用刀垂直于原料，每次移动要求刀距相等。刀在运行切割扁豆时，通过右手腕的摆动，使刀产生一个小弧度，从而加大刀在扁豆上的运行距离。用刀要充分有力，一刀将扁豆推切断开且长短一致。

3. 扁豆切丝的操作方法

其方法如图 1-4-4 所示。

步骤一：左手弯曲呈弓形按住原料，防止原料滑动。

步骤二：右手持刀，刀身与手臂呈一条直线。刀从上至下，刀刃进入原料后，先进行推切，推切近一半后往后拉刀断料。

图 1-4-4　切丝

4. 扁豆切丝的技术要求

持刀稳，握刀姿势正确，手腕和前臂协调用力。双手紧密配合，左手弯曲呈弓形按住原料，中指第一关节顶住刀身；右手拿稳刀，先推后拉，行刀断料。

（二）菜品切制后的保鲜

将加工好的扁豆段和扁豆丝分别放入保鲜盒内，外标加工原料品名、日期、重量和加工厨师姓名，入保鲜柜保鲜（温度控制在 1～4 摄氏度）。

六、评价标准

原料细加工规格如表 1-4-1 所示。

表 1-4-1　原料细加工规格

原料名称	评价标准	权重/%	得分
扁豆500克	加工后的扁豆段、丝应洁净、形态规整	10	
	段3分钟，丝7分钟	15	
	扁豆段长6厘米、粗0.8厘米×0.8厘米	30	
	扁豆丝长7厘米、宽0.3厘米、厚0.3厘米	30	
	操作过程符合砧板卫生标准	15	

任务五　菜花的细加工

一、任务描述

[内容描述]

在厨房砧板岗位环境中,利用小刀削、直刀法推刀切等技法完成朵的加工,利用直刀法完成丁的加工,为炒锅提供加工好的菜花。

[学习目标]

(1)理解菜花朵、菜花梗切丁的加工要领。
(2)对初加工后的菜花品质进行鉴别。
(3)能用直刀法推切对菜花进行切朵加工。能用直刀法推切对菜花根部进行丁的加工。
(4)能够对加工好的菜花朵和菜花根切丁原料进行分类保管。
(5)培养学生砧板厨房的设备保养意识。

二、相关知识

[小刀削法]

这种刀法操作时要求右手持刀,左手拿料,从菜花朵形中部入刀,削成大小一致的朵形,然后将每朵末端削成锥形。

适应原料:油菜心、西兰花、宝塔菜、芥蓝等。

[直刀法—推刀切]

这种刀法操作时要求刀与墩面垂直,刀自上而下从右后方向左前方推刀下去,一刀到底,着力点在刀的后端将菜花梗断开。这种刀法主要用于把菜花梗加工成丁的形状,再施用其他刀法,可加工出丝、条、粒或其他几何形状。

适应原料:油菜心、西兰花、宝塔菜、芥蓝等。

三、成品标准

对菜花进行细加工,细加工后菜花应分为朵、中丁两种。其中朵的成品规格应为长3厘米;中丁的成品规格应为长1.2厘米、宽1.2厘米(如图1-5-1所示)。

(a) (b)

图 1-5-1　菜花成品

(a) 朵；(b) 中丁

四、加工前准备

[砧板工作环境]

砧板厨房应具备保鲜柜、冷柜。室内常温，光线明亮，有上下水、水池、工作台、相对独立的工作环境。

[砧板工具]

菜墩、片刀、刮皮刀、刀架、挡刀棍、磨刀石、料筐、桶、盆、方盘、马斗。

[砧板设备]

不锈钢四门冰柜、货架车、卧式冷藏冰箱、操作台、单槽水池、蔬菜甩干机。

[原料准备]

花椰菜（如图 1-5-2 所示），又称花菜、菜花或椰菜花，是一种十字花科的蔬菜，为甘蓝的变种。花椰菜的头部为白色花序，与西兰花的头部类似。花椰菜富含维生素 B 群、维生素 C。这些成分属于水溶性，易受热溶出而流失，所以煮花椰菜不宜高温烹调，也不适合水煮。花椰菜原产地中海沿岸，是一种粗纤维含量少、品质鲜嫩、营养丰富、风味鲜美、人们喜食的蔬菜。

任务五 菜花的细加工   23

图 1-5-2　菜花原料

五、制作过程

（一）菜花的细加工方法

1. 小刀削朵的操作方法

其方法如图 1-5-3 所示。

步骤一：手扶稳菜花，用刀刃的前部对准原料被切位置。

步骤二：刀从上至下将原料切断。

步骤三：用手和刀掰开朵瓣，至切完原料为止。

图 1-5-3　小刀削朵

2. 小刀削朵的技术要求

削成大小一致的朵形，在加工过程中，应注意削制的手法，避免浪费。

3. 菜花梗切丁的操作方法

其方法如图 1-5-4 所示。

步骤一：左手扶稳菜花梗，用中指第一关节弯曲处顶住刀膛。

步骤二：拿稳菜花梗切成片。

步骤三：左手弯曲呈弓形按住原料，防止原料滑动，将菜花梗切条。

步骤四：将切好的菜花梗条转过来切丁。

图 1-5-4　切丁

4. 菜花梗切丁的技术要求

左手按稳原料，以防切时滑动。右手持刀，刀身垂直。直切时左右两手配合要协调，左手指自然弯曲呈弓形按住原料，随刀的起伏同步向后移动。右手落刀距离以左手向后移动的距离为准，将刀紧贴着手中指向下切。在菜墩上码放整齐。直切时动作要连贯，直接将原料切断。

（二）菜品切制后的保鲜

将加工好的菜花朵和菜花根部切丁分别放入保鲜盒内，外标加工原料品名、日期、重量和加工厨师姓名，入保鲜柜保鲜（温度控制在 1～4 摄氏度）。

六、评价标准

原料细加工规格如表 1-5-1 所示。

表 1-5-1　原料细加工规格

原料名称	评价标准	权重/%	得分
菜花（丁150克，朵650克）	加工后的菜花朵、中丁应洁净、形态规整	15	
	丁3分钟，朵7分钟	15	
	菜花朵长3厘米	30	
	中丁宽1厘米、厚1厘米	30	
	操作过程符合砧板卫生标准	10	

任务六　香菇的细加工

一、任务描述

[内容描述]

在厨房砧板岗位环境中,利用直刀法推切等技法,为炒锅提供加工好的香菇丁、粒、条原料。

[学习目标]

(1)理解香菇丁、香菇粒、香菇条加工的操作要领。
(2)对初加工后的香菇品质进行鉴别。
(3)能用直刀法推切对香菇进行切丁、粒、条的加工。
(4)能够对加工好的香菇条和香菇丁、粒原料进行分档保管。
(5)培养学生砧板厨房的随时清洁整理的操作习惯。

二、相关知识

[直刀法—推刀切]

这种刀法操作时要求刀与墩面垂直,刀自上而下从右后方向左前方推刀下去,一刀到底,着力点在刀的后端将香菇断开。这种刀法主要用于把香菇加工成条的形状,然后在条的形状的基础上,施用其他刀法,可加工出丁、丝、条、块、粒或其他几何形状。

适应原料:土豆、莴笋、黄瓜、西葫芦、冬笋、杏鲍菇、白灵菇、猪肉、鸡肉等。

三、成品标准

对香菇进行细加工,细加工后的香菇应分为条、丁、粒三种。其中条的成品规格应为长4厘米、粗1厘米×1厘米;丁的成品规格应为大丁2厘米见方、中丁1.5厘米见方、小丁1厘米见方;粒的成品规格应为大粒0.6厘米见方、小粒0.4厘米见方(如图1-6-1所示)。

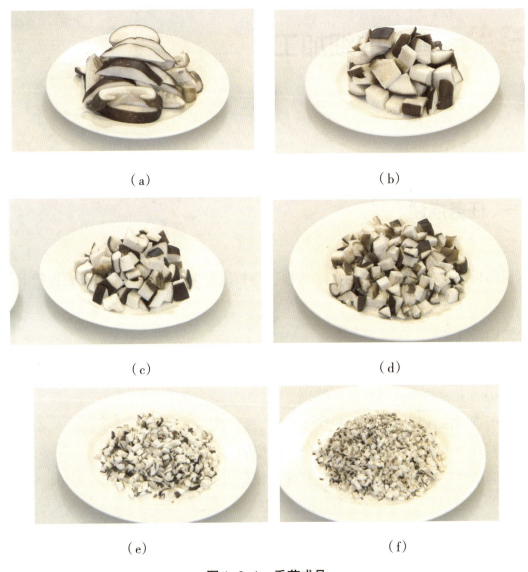

图1-6-1　香菇成品

(a)香菇细加工 条;(b)香菇细加工 大丁;(c)香菇细加工 中丁;(d)香菇细加工 小丁;
(e)香菇细加工 大粒;(f)香菇细加工 小粒

四、加工前准备

[砧板工作环境]

砧板厨房应具备保鲜柜、冷柜。室内常温,光线明亮,有上下水、水池、工作台、相对独立的工作环境。

[砧板工具]

菜墩、片刀、刮皮刀、刀架、挡刀棍、磨刀石、料筐、桶、盆、方盘、马斗。

[砧板设备]

不锈钢四门冰柜、货架车、卧式冷藏冰箱、操作台、单槽水池、蔬菜甩干机。

任务六　香菇的细加工

[原料准备]

香菇（如图 1-6-2 所示），又名香蕈、香信、香菌、冬菇、香菰，为侧耳科植物香蕈的子实体。香菇是世界第二大食用菌，也是我国特产之一，在民间素有"山珍"之称。它是一种生长在木材上的真菌，味道鲜美，香气沁人，营养丰富，素有"植物皇后"美誉。香菇富含维生素 B 群、铁、钾、维生素 D 原（经日晒后转成维生素 D），味甘，性平。主治食欲减退，气虚乏力。

图 1-6-2　香菇原料

五、制作过程

（一）香菇的细加工方法

1. 香菇切条的操作方法

其方法如图 1-6-3 所示。

步骤一：将香菇从中间片开。

步骤二：左手扶稳原料，右手持刀，刀与墩面垂直、与原料垂直，对准原料被切位置，刀从上至下利用推切方法切条。

步骤三：如此反复推切，将香菇切完。

图 1-6-3　切条

2. 香菇切条的技术要求

左手运用刀法朝左后方移动,每次移动要求刀距相等。刀在运行切割香菇时,通过右手腕的起伏摆动,使刀产生一个小弧度,从而加大刀在香菇上的运行距离。用刀要充分有力,条的粗细要一致,一刀将香菇推切断开。

3. 香菇切丁的操作方法

其方法如图1-6-4所示。

(A) 大丁的细加工

步骤一:将香菇从中间片开。

步骤二:左手扶稳原料,右手持刀,刀与墩面平行、与原料平行,对准原料被切位置。

步骤三:如此反复推切将香菇切完。

(B) 中丁的细加工

步骤一:将香菇分成均匀四份。

步骤二:利用直刀切,切成均匀的四份。

步骤三:再切成中丁。

(C) 小丁的细加工

步骤一:去掉香菇伞把内的把柄。

步骤二:利用直刀切,均匀地分为四段。

步骤三:再切成小丁。

图1-6-4 切丁

4. 香菇切丁的技术要求

丁的形状一般近似于正方体，俗称色子丁，其成形方法是先将原料批或切成厚片（韧性原料可拍松后排斩），再由厚片改刀成条，再由条加工成丁。成形大小一致、形状完整。

5. 香菇切粒的操作方法

其方法如图 1-6-5 所示。

（A）大粒的细加工

步骤一：将香菇放置在墩面，左手扶稳原料，右手持刀将香菇推切出片。

步骤二：利用直刀法推切将香菇片推切出丝。

步骤三：利用推切方法将香菇丝切成粒（大粒0.6厘米见方、小粒0.4厘米见方）。

（B）小粒的细加工

步骤一：顶刀切成薄片。

步骤二：再切成细丝。

步骤三：最后切成细粒。

图 1-6-5 切粒

6. 香菇切粒的技术要求

粒比丁更小，加工方法与丁基本相似，是由片改刀成条，再由条改刀成粒。其刀工精细，成形要求较高。条的粗细决定了粒的大小。成形大小一致、形状完整。

（二）菜品切制后的保鲜

将加工好的香菇条和香菇丁、粒分别放入保鲜盒内，外标加工原料品名、日期、重量和加工厨师姓名，入保鲜柜保鲜（温度控制在 1 ~ 4 摄氏度）。

六、评价标准

原料细加工规格如表 1-6-1 所示。

表 1-6-1 原料细加工规格

原料名称	评价标准	权重/%	得分
香菇 （丁300克，粒150克）	加工后香菇丁、粒应洁净、形态规整	10	
	丁各项不超过5分钟、粒各项不超过7分钟	10	
	香菇条长4厘米、粗1厘米×1厘米	20	
	香菇丁大丁2厘米见方、中丁1.5厘米见方、小丁1厘米见方	20	
	香菇粒大粒0.6厘米见方、小粒0.4厘米见方	20	
	操作过程符合砧板卫生标准	20	

单元二　畜肉类原料细加工

单元导读

一、学习内容

单元二的工作任务分别是猪肉的细加工、牛肉的细加工、羊肉的细加工，是从畜肉类原料中选取的典型初加工原料。通过加工以上原料，可以让学生了解畜肉类原料初加工的操作步骤。要求学生能运用平刀法上片和平刀法下片、直刀法单刀背捶、双刀背捶、刀尖排、直刀法单刀剁、双刀剁。巩固练习之前学过的直刀法推拉切等技法对原料进行细加工，为热菜厨房提供符合标准的原料。

二、任务简介

本单元由三个任务组成，其中任务一是"猪肉"细加工，选用典型猪肉为原料。利用平刀法上片和平刀法下片等技法对猪肉进行细加工。

任务二是"牛肉"细加工，选用典型牛肉为原料。利用直刀法推拉切和直刀法单刀背捶、双刀背捶、刀尖排等技法对牛肉进行细加工。

任务三是"羊肉"细加工，选用典型羊肉为原料。利用直刀法单刀剁、双刀剁和推拉切等技法对羊肉进行细加工。

三、学习要求

本单元的学习任务要求要在与企业厨房生产环境一致的实训环境中完成。学生通过实际训练，能够初步体验适应砧板工作环境；能够按照砧板岗位工作流程基本完成开档和收档工作；能够按照砧板岗位工作流程运用砧板原料细加工技法完成畜肉类原料的细加工，为热菜厨房提供合格的细加工原料，并在工作中培养合作意识、安全意识和卫生意识。

任务一 猪肉的细加工

一、任务描述

[内容描述]

在厨房砧板岗位环境中,利用平刀法上片和平刀法下片等技法,为炒锅提供加工好的猪肉丝、猪肉丁原料。

[学习目标]

(1)理解猪肉丝、猪肉丁的操作要领。
(2)对初加工后的猪肉品质进行鉴别。
(3)能用直刀法推拉切对猪肉进行出片再进行切条的加工及丁的加工。能用平刀法下片对猪肉进行切片加工,利用直刀法推拉切进行丝的加工。
(4)能够对加工好的猪肉丁和猪肉丝原料进行分类保管。
(5)培养学生砧板厨房的砧板维护与保养意识。

二、相关知识

[平刀法定义]

平刀法是刀与砧板呈平行状态的一种刀法。它能把原料片成薄片,是一种比较细致的刀工处理方法。适合加工无骨的韧性、软性原料或煮熟回软的脆性原料。

[平刀法—下片]

这种刀法在操作时要求刀与墩面平行,对准原料的下端保持水平直线片进原料,使原料一层层地片开。这种刀法主要用于把猪肉加工成片的形状,然后在片的基础上,施用其他刀法,可加工出丝、条、丁、粒或其他几何形状。

适应原料:鸡肉、鸭肉、牛肉、豆腐、榨菜等。

三、成品标准

对 900 克猪肉进行细加工,细加工后的猪肉应分为丝、丁两种。其中丝的成品规格应为长 7 厘米、粗 0.3 厘米 ×0.3 厘米;丁的成品规格应为 1.5 厘米见方(如图 2-1-1 所示)。

（a） （b）

图 2-1-1 猪肉成品

（a）猪肉丝；（b）猪肉丁

四、加工前准备

[砧板工作环境]

砧板厨房应具备保鲜柜、冷柜。室内常温，光线明亮，有上下水、水池、工作台、相对独立的工作环境。

[砧板工具]

菜墩、片刀、刮皮刀、刀架、挡刀棍、磨刀石、料筐、桶、盆、方盘、马斗。

[砧板设备]

不锈钢四门冰柜、货架车、卧式冷藏冰箱、操作台、单槽水池、蔬菜甩干机。

[原料准备]

猪肉（如图 2-1-2 所示）是主要畜肉之一。其性平味甘咸，含有丰富的蛋白质及脂肪、碳水化合物、钙、磷、铁等成分。猪肉是日常生活中主要肉类食品，可提供血红素（有机铁）和促进铁吸收的半胱氨酸，能改善缺铁性贫血，具有补虚强身、滋阴润燥、丰肌泽肤的作用。

图 2-1-2 猪肉原料

五、制作过程

（一）猪肉的细加工方法

1. 切猪肉丁的操作方法

其方法如图 2-1-3 所示。

步骤一：将猪里脊切成 1.5 厘米厚的片，再将片切成 1.5 厘米宽的条。

步骤二：再将猪肉条切成 1.5 厘米见方的丁。

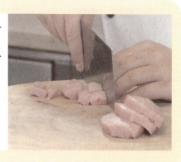

图 2-1-3　猪肉加工

2. 切猪肉丁的技术要求

从始至终动作要连贯紧凑。一刀将原料切开。

3. 切猪肉丝的操作方法

其方法如图 2-1-4 所示。

步骤一：将原料放置于墩面右下侧，以便于刀具的进入。

步骤二：左手扶按原料，右手持刀，并将刀端平放于原料的下端，用刀刃的前部对准原料被片的位置。

步骤三：并根据目测厚度将刀锋进入原料内部。

步骤四：用力推片，使原料移至刀刃的中后部位，片开原料。

步骤五：随即将刀向右后方抽出，片好的片留在墩上，其余原料仍托在刀膛上。

步骤六：用刀刃前部将片下的原料一端挑起，左手随之将原料拿起。

图 2-1-4　猪肉丝加工

步骤七：再将片下的原料放置在墩面上，并用刀的前端压住原料一边，将片好的片放置在砧板上。

步骤八：如此反复，将原料片完。

步骤九：再利用直刀法推拉切将猪肉片推拉切出丝。

图 2-1-4　猪肉丝加工（续）

4. 切猪肉丝的技术要求

在推片过程中一定要将原料按稳，防止滑动。刀锋片进原料之后，左手施加一定的向下压力，将原料按实，便于行刀，也便于提高片的质量。刀在运行时用力要适度，尽可能将原料一刀片开，如果一刀未断开，可连续推片直至原料完全片开为止。

（二）菜品切制后的保鲜

将加工好的猪肉丁和猪肉丝分别放入保鲜盒内，外标加工原料品名、日期、重量和加工厨师姓名，入保鲜柜保鲜（温度控制在 1～4 摄氏度）。

六、评价标准

原料细加工规格如表 2-1-1 所示。

表 2-1-1　原料细加工规格

原料名称	评价标准	权重/%	得分
猪肉（肉丝300克，肉丁300克，肉条200克）	加工后猪肉丝、丁应洁净、形态规整	10	
	肉丝不超过15分钟，肉丁不超过8分钟	10	
	猪肉丝长7厘米、粗0.2厘米×0.2厘米	40	
	猪肉丁1.2厘米见方	30	
	操作过程符合砧板卫生标准	10	

任务二　牛肉的细加工

一、任务描述

[内容描述]

在厨房砧板岗位环境中,利用直刀法推拉切和直刀法单刀背捶、双刀背捶、刀尖排等技法,为炒锅提供加工好的牛肉粗丝、牛肉片、牛肉茸原料。

[学习目标]

(1)理解牛肉粗丝、牛肉片、牛肉茸的操作要领。

(2)对初加工后的牛肉品质进行鉴别。

(3)能用直刀法上片对牛肉进行切片的加工,利用直刀法推拉切对牛肉片进行切丝的加工,利用直刀法单刀背捶对牛肉进行茸的加工,利用直刀法双刀背捶对牛肉进行茸的加工,利用直刀法刀尖排对牛肉片加工。

(4)能够对加工好的牛肉粗丝、牛肉片、牛肉茸原料进行分类保管。

(5)培养学生砧板厨房冷藏设备的保养意识。

二、相关知识

[单刀背捶]

这种刀法操作时要求左手扶墩,右手持刀,刀刃朝上,刀背与墩面垂直,刀垂直上下捶击原料。这种刀法主要用于加工肉茸和捶击原料表面,使肉质疏松,或者将厚肉片捶击呈薄肉片。

适应原料:鸡脯肉、里脊肉、净虾肉、肥膘肉、净鱼肉等。

[双刀背捶]

这种刀法操作时要求左右两手各持刀一把,刀背朝下,与墩面垂直,两刀上下交替垂直运动。这种刀法主要用于加工肉茸等。用此法加工原料,不仅工作效率比较高,而且加工的肉茸也比较细,质量好。

适应原料:鸡脯肉、净虾肉、净鱼肉、肥膘肉、里脊肉等。

[刀尖排]

这种刀法操作时要求刀垂直上下运动,用刀尖或刀跟在片形的原料上扎排上几排分布均匀的刀缝或孔洞,用于斩断原料内的筋络、软骨或硬性的骨骼,防止原料因受热而卷曲变形或不方便造型,同时也便于调味品的渗透,还因扩大受热面积而使原料易于成熟。

适应原料:鸡脯肉、净虾肉、净鱼肉、肥膘肉、里脊肉等。

三、成品标准

对 1200 克牛肉进行细加工,细加工后的牛肉应分为粗丝、片、茸三种。其中丝的成品规格应为长 7 厘米、粗 0.3 厘米 ×0.3 厘米;片的成品规格应为长 5 厘米、宽 3 厘米、厚 0.3 厘米(如图 2-2-1 所示)。

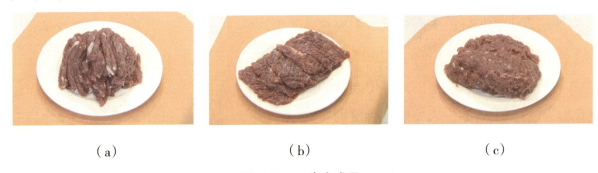

(a)   (b)   (c)

图 2-2-1 牛肉成品

(a) 牛肉粗丝;(b) 牛肉片;(c) 牛肉茸

四、加工前准备

[砧板工作环境]

砧板厨房应具备保鲜柜、冷柜。室内常温,光线明亮,有上下水、水池、工作台、相对独立的工作环境。

[砧板工具]

菜墩、片刀、刮皮刀、刀架、挡刀棍、磨刀石、料筐、桶、盆、方盘、马斗。

[砧板设备]

不锈钢四门冰柜、货架车、卧式冷藏冰箱、操作台、单槽水池、蔬菜甩干机。

[原料准备]

牛肉(如图 2-2-2 所示)是全世界人都爱吃的食品,中国人消费的主要肉类食品之一,仅次于猪肉。牛肉蛋白质含量高,而脂肪含量低,所以味道鲜美。

牛肉的鉴别方法:

一看,看肉皮有无红点,无红点是好肉,有红点者是坏肉;看肌肉,新鲜肉有光泽,红色均匀，较次的肉，肉色稍暗；看脂肪，新鲜肉的脂肪洁白或淡黄色，次品肉的脂肪缺乏光泽，变质肉脂肪呈绿色。

二闻，新鲜肉具有正常的气味，较次的肉有一股氨味或酸味。

三摸，一是要摸弹性，新鲜肉有弹性，指压后凹陷立即恢复，次品肉弹性差，指压后的凹陷恢复很慢甚至不能恢复，变质肉无弹性；二要摸黏度，新鲜肉表面微干或微湿润，不粘手，次新鲜肉外表干燥或粘手，新切面湿润粘手，变质肉严重粘手，外表极干燥，有些注水严重的肉虽也完全不粘手，但可见到外表呈水湿样，不结实。

图 2-2-2　牛肉原料

五、制作过程

（一）牛肉的细加工方法

1. 切牛肉粗丝的操作方法

其方法如图 2-2-3 所示。

步骤一：利用平刀法下片，将牛肉片成片码放整齐（见单元二任务一平刀法下片）。

步骤二：利用直刀法推拉切将牛肉片切丝。如此反复推拉切，直至切完原料为止。

图 2-2-3　牛肉丝加工

2. 切牛肉粗丝的技术要求

首先用平刀下片和直刀法推拉切两种刀法完成。片要薄厚标准一致，丝要粗细标准一致。

3. 单刀背捶牛肉茸的操作方法

其方法如图 2-2-4 所示。

步骤一：左手扶墩，右手持刀，刀刃朝上，刀背朝下，将刀抬起。

步骤二：垂直向下捶击原料，如此反复进行。

步骤三：当原料被捶击到一定程度时，用左手将原料拢起，右手使刀身倾斜，用刀将原料铲起归堆，再反复捶击原料，直至符合加工要求为止。

图 2-2-4 牛肉茸单刀加工

4. 单刀背捶牛肉茸的技术要求

操作时，刀背要与墩面保持垂直；应加大刀背与墩面之间的接触面积，不能只使用刀背的前端，并且使原料受力均匀，提高效率；持刀时用力要均匀，抬刀不要过高，避免将原料甩出；要勤翻动原料，从而使加工的原料均匀细腻。

5. 双刀背捶牛肉茸的操作方法

其方法如图 2-2-5 所示。

步骤一：左右两手各持刀一把，刀背朝下，两刀呈"八"字形。

步骤二：两刀上下交替运行，用刀背捶击原料。

步骤三：当原料加工到一定程度时，刀刃向下，两刀向相反方向倾斜，用刀将原料铲起归堆，也可以直接用刀背从两边向中间推挤将原料归堆。然后再继续用刀背捶击原料，如此反复进行，直至达到加工要求为止。

图 2-2-5 牛肉茸双刀加工

6. 双刀背捶牛肉茸的技术要求

操作过程中一定要使两刀刀背与墩面保持垂直，加大刀背与墩面、刀背与原料的接触面积，并使原料受力均匀，从而提高工作效率。刀在运行时抬刀不要过高，避免将原料甩出，造成浪费，还要勤翻动原料，使加工后的肉茸均匀细腻。

7. 直刀法刀尖排的操作方法

其操作方法如图 2-2-6 所示。

步骤一：左手扶稳原料，右手持刀，将刀柄提起，用刀尖或刀跟对准原料，以刀尖排排扎刀缝或孔洞。

步骤二：用刀背捶锤击肉片，使肉片松弛。

图 2-2-6　直刀法

8. 直刀法刀尖排的技术要求

刀在运行中要保持垂直起落；排剁的刀缝间隙或孔洞要均匀；用力不要过大，轻轻将原料扎透即可。

（二）菜品切制后的保鲜

将加工好的牛肉片和牛肉粗丝、牛肉茸分别放入保鲜盒内，外标加工原料品名、日期、重量和加工厨师姓名，入保鲜柜保鲜（温度控制在 1～4 摄氏度）。

六、评价标准

原料细加工规格如表 2-2-1 所示。

表 2-2-1　原料细加工规格

原料名称	评价标准	权重/%	得分
牛肉（肉片400克，肉丝400克，肉茸200克）	加工后牛肉片、丝、茸应洁净、形态规整	10	
	肉片不超过5分钟，肉丝不超过15分钟，肉茸不超过20分钟	10	
	牛肉片长5厘米、宽3厘米、厚0.3厘米	20	
	牛肉丝长7厘米、粗0.3厘米×0.3厘米	30	
	牛肉茸细腻	20	
	操作过程符合砧板卫生标准	10	

任务三 羊肉的细加工

一、任务描述

[内容描述]

在厨房砧板岗位环境中,利用直刀法单刀剁、双刀剁和推拉切等技法,为炒锅提供加工好的羊肉茸、羊肉片原料。

[学习目标]

(1)理解羊肉茸、羊肉片的操作要领。
(2)对初加工后的羊肉品质进行鉴别。
(3)能用直刀法单刀剁和双刀剁对羊肉进行茸的加工。
(4)能够对加工好的羊肉茸、羊肉片原料进行分类保管。
(5)培养学生砧板厨房下脚料的妥善处理意识。

二、相关知识

[单刀剁]

这种刀法操作时要求刀与墩面垂直,刀上下运动,抬刀较高,用力较大。这种刀法主要用于将原料加工成末的形状。

适应原料:鸡肉、猪肉、牛肉、虾肉等。

[双刀剁]

双刀剁操作时要求两手各持刀一把,两刀略呈"八"字形,与墩面垂直,上下交替运动。这种刀法用于加工成形原料,与单刀剁相同,但工作效率较高。

适应原料:鸡肉、猪肉、牛肉、鱼肉等。

三、成品标准

对600克羊肉进行细加工,细加工后的羊肉应分为茸、片、块三种。片的成品规格应为长4厘米、宽3厘米、厚0.2厘米(如图2-3-1所示)。

任务三 羊肉的细加工 | 43

(a) (b)

图 2-3-1 羊肉成品

(a) 羊肉茸；(b) 羊肉片

四、加工前准备

[砧板工作环境]

砧板厨房应具备保鲜柜、冷柜。室内常温，光线明亮，有上下水、水池、工作台、相对独立的工作环境。

[砧板工具]

菜墩、片刀、刮皮刀、刀架、挡刀棍、磨刀石、料筐、桶、盆、方盘、马斗。

[砧板设备]

不锈钢四门冰柜、货架车、卧式冷藏冰箱、操作台、单槽水池、蔬菜甩干机。

[原料准备]

羊肉（如图 2-3-2 所示）有山羊肉、绵羊肉、野羊肉之分。古时称羊肉为羖肉、羝肉、羯肉。买肉时，绵羊肉和山羊肉有以下几个鉴别方法：

（1）看肌肉，绵羊肉粘手，山羊肉发散，不粘手。

（2）看肉上的毛形，绵羊肉毛卷曲，山羊肉硬直。

（3）看肌肉纤维，绵羊肉纤维细短，山羊肉纤维粗长。

（4）看肋骨，绵羊的肋骨窄而短，山羊的则宽而长。

图 2-3-2 羊肉原料

五、制作过程

（一）羊肉的细加工方法

1. 切羊肉片的操作方法

其方法如图 2-3-3 所示。

步骤一：左手扶稳原料，右手持刀，用食指关节顶住刀身。

步骤二：用推拉切的方法，将原料切开。

步骤三：将刀平行于案板上，将切好的羊肉片留在案板上，用此方法将剩余羊肉切完。

图 2-3-3　切羊肉片

2. 切羊肉片的技术要求

首先要求掌握推刀切和拉刀切各自的刀法，再将两种刀法连贯起来。操作时，用力要充分，动作要连贯。

3. 剁羊肉茸（单刀）的操作方法

其方法如图 2-3-4 所示。

步骤一：将羊肉切成厚片，再改刀切成条。

步骤二：将羊肉条再切成小丁。

步骤三：将肉丁放置在墩面中间，左手扶墩边，右手持刀，把刀抬起，用刀刃的中前部位对准原料平切。当原料剁到一定程度时，用左手将原料拢起，右手使刀身倾斜，用刀将原料铲起归堆，再次平切，直至原料达到加工要求为止。

图 2-3-4　剁羊肉茸（单刀）

4. 剁羊肉茸（单刀）的技术要求

单刀剁操作时，用手腕带动前臂上下摆动，挥刀将原料剁碎，同时要勤翻原料，使其均匀细腻。用刀要稳、准，富有节奏，同时注意抬刀不可过高，以免将原料甩出，造成浪费。用力适度。

5. 剁羊肉末（双刀）的操作方法

其方法如图 2-3-5 所示。

步骤一：两手各持一把刀，两刀保持一定距离，呈八字形。

步骤二：两刀垂直上下交替排剁，注意在排剁的过程中一定要持刀平衡，切勿相碰，否则容易碰伤刀口。

步骤三：当原料剁到一定程度时，两刀各向相反的方向倾斜，用刀将原料铲起归堆，然后继续行刀排剁，直到剁好为止。

图 2-3-5　羊肉末加工

6. 剁羊肉末（双刀）的技术要求

操作时，用手腕带动前臂上下摆动，挥刀将原料剁碎，同时要勤翻原料，使其均匀细腻，抬刀不可过高，避免将原料甩出，造成不应有的浪费。另外，为了提高排剁的速度和质量，可以用两把刀先从原料堆的一边连续向另一边排剁，然后身体相对原料转一个角度，再行排剁，使刀纹在原料上形成网格状。为了使排剁的过程不单调、不乏味，还可以使两只手按照一定的节奏（如马蹄节奏、鼓点节奏等）来运行，这样会排剁得又快又好而且不乏味。

（二）菜品切制后的保鲜

将加工好的羊肉茸、羊肉片分别放入保鲜盒内，外标加工原料品名、日期、重量和加工厨师姓名，入保鲜柜保鲜（温度控制在 1 ~ 4 摄氏度）。

六、评价标准

原料细加工规格如表 2-3-1 所示。

表 2-3-1　原料细加工规格

原料名称	评价标准	权重/%	得分
羊肉（肉片400克，肉茸600克）	加工后羊肉片、茸、块应洁净、形态规整	15	
	肉片不超过10分钟，肉茸不超过30分钟	15	
	羊肉片长4厘米、宽3厘米、厚0.2厘米	30	
	羊肉茸细腻	30	
	操作过程符合砧板卫生标准	10	

单元三 禽肉类原料细加工

单元导读

一、学习内容

单元三的工作任务分别是整鸡及鸡肉的细加工、整鸭的细加工、鸽子的细加工，是从禽肉类原料中选取的典型初加工原料。通过加工以上原料，可以让学生了解禽肉类原料初加工的操作步骤。要求学生能运用直刀法直刀砍、直刀法拍刀砍、整料出骨，巩固练习之前学习的直刀法推拉切、平刀法下片、斜刀法斜刀拉片（批）对原料进行细加工，为热菜厨房提供符合标准的原料。

二、任务简介

本单元由三个任务组成，其中任务一是"鸡"细加工，选用典型整鸡及鸡肉为原料。利用直刀法直刀砍、直刀法拍刀砍、直刀法推拉切等技法对鸡肉进行细加工。

任务二是"鸭肉"细加工，选用典型鸭肉为原料。利用整料出骨、直刀法直刀砍、直刀法推拉切、平刀法下片和斜刀法斜刀拉片（批）等技法对鸭肉进行细加工。

任务三是"鸽子"细加工，选用典型鸽子肉为原料。利用直刀法直刀砍等技法对鸽子进行细加工。

三、学习要求

本单元的学习任务要求要在与企业厨房生产环境一致的实训环境中完成。学生通过实际训练，能够初步体验适应砧板工作环境；能够按照砧板岗位工作流程基本完成开档和收档工作；能够按照砧板岗位工作流程运用砧板原料细加工技法完成禽肉类原料的细加工，为热菜厨房提供合格的细加工原料，并在工作中培养合作意识、安全意识和卫生意识。

任务一　鸡的细加工

一、任务描述

[内容描述]

在厨房砧板岗位环境中，利用直刀法直刀砍、直刀法推拉切等技法，为炒锅提供加工好的鸡肉块、鸡肉段、鸡肉条原料。

[学习目标]

（1）理解鸡肉块、鸡肉段、鸡肉条的操作要领。

（2）对初加工后的鸡肉品质进行鉴别。

（3）能用直刀法推拉切对鸡肉进行块、段、条的加工。

（4）能够对加工好的鸡肉块、鸡肉段、鸡肉条原料进行分类保管。

（5）培养学生砧板厨房保鲜冰箱的清理和保养习惯。

二、相关知识

[直刀砍]

这种刀法操作时用左手扶稳原料，右手将刀举起，使刀保持上下垂直运动，用刀的中后部对准原料被砍的部位，用力挥刀直砍下去，使原料断开。这种刀法主要用于将原料加工成块、条、段等形状，也可用于分割大型带骨的原料。

适应原料：整鸡、整鸭、鱼、排骨和大块的肉等。

三、成品标准

细加工后的鸡肉应分为块、段、条三种。块的成品规格应为长 3 厘米见方；段的成品规格应为长 6 厘米；条的成品规格应为长 5 厘米、宽 1 厘米（如图 3-1-1 所示）。

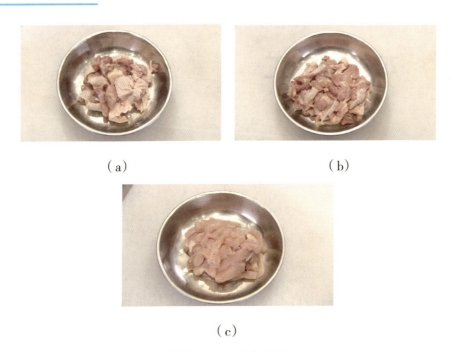

图 3-1-1 鸡肉成品

（a）鸡肉块；（b）鸡肉段；（c）鸡肉条

四、加工前准备

[砧板工作环境]

砧板厨房应具备保鲜柜、冷柜。室内常温，光线明亮，有上下水、水池、工作台、相对独立的工作环境。

[砧板工具]

菜墩、片刀、刮皮刀、刀架、挡刀棍、磨刀石、料筐、桶、盆、方盘、马斗。

[砧板设备]

不锈钢四门冰柜、货架车、卧式冷藏冰箱、操作台、单槽水池、蔬菜甩干机。

[原料准备]

鸡（如图 3-1-2 所示）的肉质细嫩，滋味鲜美，适合多种烹调方法，并富有营养，有滋补养身的作用。挑选时首先要注意观察鸡肉的外观、颜色以及质感。一般来说，新鲜卫生的鸡肉块大小不会相差特别大，颜色会是白里透着红，看起来有亮度，手感比较光滑。注意，如果所见到的鸡肉注过水的话，肉质会显得特别有弹性，仔细看的话，会发现皮上有红色针点，针眼周围呈乌黑色。注过水的鸡用手去摸的话，会感觉表面有些高低不平，似乎长有肿块一样，而那些未注水的正常鸡肉摸起来都是很平滑的。

任务一 鸡的细加工 | 51

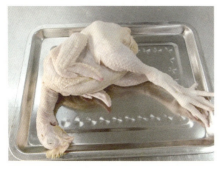 

（a） （b）

图 3-1-2 鸡肉原料

（a）原料一；（b）原料二

🍳 五、制作过程

（一）鸡肉块的细加工方法

1. 鸡肉切块的操作方法

其方法如图 3-1-3 所示。

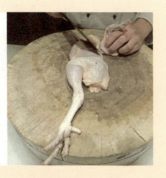 

步骤一：将鸡翅膀切下。

步骤二：将鸡腿切下。

步骤三：将鸡爪子剁下来。

步骤四：将鸡肉砍成3厘米见方的鸡肉块。

图 3-1-3 鸡肉块加工

2. 鸡肉切块的技术要求

右手握牢刀柄，防止脱手伤人，但也不要握得太呆板，不利于操作。将原料在墩面上放平稳，左手扶料要离落刀处远一点，防止伤手。落刀要充分有力、准确，尽量不重刀，将原料一刀砍断。

3. 鸡肉切段的操作方法

其方法如图 3-1-4 所示。

步骤一：将剔骨鸡腿肉放置于墩面。

步骤二：将鸡腿肉从中间切开。

步骤三：利用直刀法推拉切将其中一块鸡腿肉切成长 6 厘米、宽 2 厘米的段。

图 3-1-4　鸡肉段加工

4. 鸡肉切段的技术要求

在行刀过程中，原料在墩面上一定要放平稳，一刀将原料切断。

5. 鸡肉切条的操作方法

其方法如图 3-1-5 所示。

步骤一：将鸡胸肉从中间片开。

步骤二：将片开的鸡胸肉从中间切开。

步骤三：再改刀成大片。

步骤四：将改好片的鸡胸肉利用直刀法推拉切，切成长 5 厘米、宽 1 厘米。

图 3-1-5　鸡肉条加工

6. 鸡肉切条的技术要求

右手扶刀，左手扶稳原料，刀与墩面垂直，一推一拉将原料切断。

（二）菜品切制后的保鲜

将加工好的鸡肉块、鸡肉段、鸡肉条分别放入保鲜盒内，外标加工原料品名、日期、重量和加工厨师姓名，入保鲜柜保鲜（温度控制在 1 ~ 4 摄氏度）。

六、评价标准

原料细加工规格如表 3-1-1 所示。

表 3-1-1　原料细加工规格

原料名称	评价标准	权重/%	得分
鸡肉（鸡肉块400克，鸡肉段300克，鸡肉条400克）	加工后鸡肉块、鸡肉段、鸡肉条应洁净、形态规整	10	
	三项不超过25分钟	20	
	鸡肉块 3厘米见方	20	
	鸡肉段长6厘米	20	
	鸡肉条长5厘米、宽1厘米	20	
	操作过程符合砧板卫生标准	10	

任务二 鸭子的细加工

一、任务描述

[内容描述]

在厨房砧板岗位环境中，利用整料出骨、直刀法直刀砍、直刀法推拉切、平刀法下片和斜刀法斜刀拉片（批）等技法，为炒锅提供加工好的鸭肉块、鸭肉片、鸭肉丝、出骨鸭肉原料。

[学习目标]

（1）理解鸭肉块、鸭肉片、鸭肉丝、整鸭出骨的操作要领。

（2）对初加工后的鸭肉品质进行鉴别。

（3）能用直刀法直刀砍、直刀法推拉切、平刀法下片和斜刀法斜刀拉片（批）、整料出骨对鸭肉进行鸭肉块、鸭肉片、鸭肉丝、出骨鸭肉的加工。

（4）能够对加工好的鸭肉块、鸭肉片、鸭肉丝、出骨鸭肉原料进行分类保管。

（5）培养学生砧板厨房工具码放的习惯。

二、相关知识

[整鸭脱骨]

整料出骨（或称出肉）是指将整只（条）的动物性烹饪原料中的骨骼（根据所烹制的菜肴要求，确定全部或部分骨骼）剔出，而仍保持原料原有完整形态的一种出肉加工方法。经整料出骨的烹饪原料便于入味，易于成熟，造型美观，食用方便。

[直刀法—推刀切]

这种刀法操作时要求刀与墩面垂直，刀自上而下又由后向前，由上而下推刀下去，一刀到底，着力点在刀的中后端将原料断开。这种刀法主要用于把原料加工成丝的形状，然后在片的形状的基础上，施用此刀法，可加工出丁、丝、条、块、粒或其他几何形状。

适应原料：鸡肉、鸭肉、净鱼肉、白菜等。

[斜刀法—斜刀拉片]

这种刀法在操作时要求将刀身倾斜，刀背朝右前方，刀刃自左前方向右后方运动，将原料片（批）开。

斜刀拉片适宜加工各种韧性原料，如腰子、净鱼肉、大虾肉、猪牛羊肉等，对白菜帮、油菜帮、扁豆等也可加工。

适应原料：鸡肉、鸭肉、白菜、黄瓜等。

三、成品标准

对整鸭及鸭肉进行细加工，细加工后的整鸭应为整鸭脱骨，鸭肉为块、片、丝。块的成品规格应为长3厘米见方；片的成品规格应为长4厘米、宽3厘米、厚0.2厘米；丝的成品规格应为长7厘米，粗0.3厘米×0.3厘米。出骨鸭肉：骨不带肉、肉不带骨、筋膜，形态完整，无破皮现象（如图3-2-1所示）。

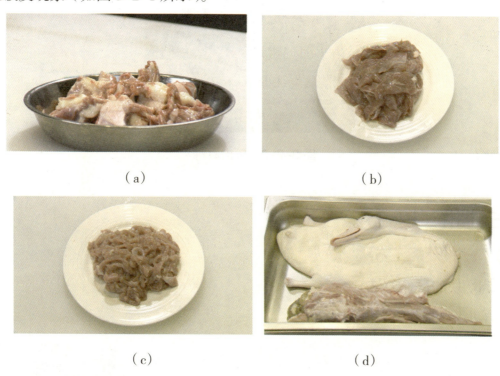

（a）　　　　　　　　　　　　（b）

（c）　　　　　　　　　　　　（d）

图 3-2-1　鸭肉成品

（a）鸭肉块；（b）鸭肉片；（c）鸭肉丝；（d）整鸭脱骨

四、加工前准备

[砧板工作环境]

砧板厨房应具备保鲜柜、冷柜。室内常温，光线明亮，有上下水、水池、工作台、相对独立的工作环境。

[砧板工具]

菜墩、片刀、刮皮刀、刀架、挡刀棍、磨刀石、料筐、桶、盆、方盘、马斗。

单元三 禽肉类原料细加工

[砧板设备]

不锈钢四门冰柜、货架车、卧式冷藏冰箱、操作台、单槽水池、蔬菜甩干机。

[原料准备]

鸭肉（如图 3-2-2 所示）是餐桌上的上乘肴馔，也是人们进补的优良食品。鸭肉的营养价值与鸡肉相仿。看颜色，鸭的体表光滑，呈现乳白色，切开鸭肉后切面呈现玫瑰色，就说明是质量良好的鸭肉。闻味道，好的鸭肉应当是香气四溢的。摸肉质，新鲜优质的鸭肉摸上去很结实。

图 3-2-2　鸭肉原料

五、制作过程

（一）鸭子的细加工方法

1. 鸭肉切块的操作方法

其方法如图 3-2-3 所示。

步骤一：将鸭肉平放在墩面上，左手扶稳原料，右手持刀，切尾部。

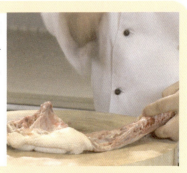

步骤二：利用直刀法剁的方法，将鸭肉从中间剁开。

步骤三：将剁开的大块改刀切成宽3厘米的长条。

步骤四：将条再剁成3厘米见方的块。

图 3-2-3　鸭肉加工

2. 鸭肉切块的技术要求

首先，右手持刀要稳（牢而不死）；其次，瞄准要剁的部位，用力下刀，一刀剁断，剁的块要均匀。

3. 鸭肉切片的操作方法

其方法如图 3-2-4 所示。

步骤一：将鸭胸肉皮和筋膜切掉。

步骤二：将鸭胸肉平放在墩面上，左手扶稳原料，右手持刀，刀倾斜片入鸭肉。

步骤三：将刀用力向后拉片至切断，将鸭胸肉片开。

图 3-2-4　切片

4. 鸭肉切片的技术要求

左手扶料，右手扶刀，刀与墩面形成角度。片的片要薄厚均匀、标准、大小一致。

5. 鸭肉切丝的操作方法

其方法如图 3-2-5 所示。

步骤一：将鸭肉平放于墩面，右手持刀。

步骤二：利用平刀法下片，将鸭胸肉片成0.2厘米厚的片，码放整齐。

步骤三：利用直刀法推拉切出丝。

图 3-2-5　切丝

6. 鸭肉切丝的技术要求

首先使用平刀下片和直刀法推拉切两种刀法完成。片要薄厚标准一致，丝要粗细标准一致。切丝时要顺着纤维纹路走（横切丝，竖切片）。

7. 整鸭脱骨的操作方法

其方法如图 3-2-6 所示。

步骤一：用小刀切去鸭爪。

步骤二：用刀尖从脖颈处开8厘米的口子。

步骤三：将鸭子食管、气管剥离，并斩掉脖颈骨。

步骤四：将鸭翻转，腹部朝上，用刀尖沿锁骨处划开，将肉剥离。

步骤五：断腿骨，拉出大部分骨架。剥离皮肉到腿骨处，先断筋，后断骨，再继续剥离皮肉至尾骨处，剔出尾骨尖，整架脱出。

步骤六：将脱骨整鸭翻转使皮朝外，脱骨完成。

图 3-2-6　整鸭脱骨

8. 整鸭脱骨的技术要求

在整鸭脱骨的过程中，准确找到下刀关节处，一刀切下。操作时，用力要充分，动作要连贯，出骨时不要伤害鸭子表皮，以免影响美观。

（二）菜品切制后的保鲜

将加工好的鸭肉块、鸭肉片、鸭肉丝、出骨鸭肉分别放入保鲜盒内，外标加工原料品名、日期、重量和加工厨师姓名，入保鲜柜保鲜（温度控制在 1～4 摄氏度）。

六、评价标准

原料细加工规格如表 3-2-1 所示。

表 3-2-1　原料细加工规格

原料名称	评价标准	权重/%	得分
鸭肉（肉块500克，肉片400克，肉丝300克，整鸭一只）	加工后的鸭肉块、鸭肉片、鸭肉丝、出骨鸭肉应洁净、形态规整	10	
	三项不超过25分钟	10	
	鸭肉块3厘米见方	10	
	鸭肉片长4厘米、宽3厘米、厚0.2厘米	10	
	鸭肉丝长7厘米、粗0.3×0.3厘米	20	
	出骨鸭肉	30	
	操作过程符合砧板卫生标准	10	

任务三　鸽子的细加工

一、任务描述

[内容描述]

在厨房砧板岗位环境中,利用直刀法直刀砍等技法,为炒锅提供加工好的鸽子块原料。

[学习目标]

(1)理解鸽子块的操作要领。
(2)对初加工后的鸽子品质进行鉴别。
(3)能用直刀法直刀砍对鸽子进行切块的加工。
(4)能够对加工好的鸽肉块原料进行分类保管。
(5)培养学生及时清洁砧板厨房水池的习惯。

二、相关知识

[直刀法直刀砍]

这种刀法操作时用左手扶稳原料,右手将刀举起,使刀保持上下垂直运动,用刀的中后部对准原料被砍的部位,用力挥刀直砍下去,使原料断开。这种刀法主要用于将原料加工成块、条、段等形状,也可用于分割大型带骨的原料。

适应原料:整鸡、整鸭、鱼、排骨和大块的肉等。

三、成品标准

对鸽子进行细加工,细加工后的鸽子只有块一种。块的成品规格应为3厘米见方(如图3-3-1所示)。

图 3-3-1　鸽子成品

四、加工前准备

[砧板工作环境]

砧板厨房应具备保鲜柜、冷柜。室内常温，光线明亮，有上下水、水池、工作台、相对独立的工作环境。

[砧板工具]

菜墩、片刀、刮皮刀、刀架、挡刀棍、磨刀石、料筐、桶、盆、方盘、马斗。

[砧板设备]

不锈钢四门冰柜、货架车、卧式冷藏冰箱、操作台、单槽水池、蔬菜甩干机。

[原料准备]

鸽肉（如图 3-3-2 所示）不但营养丰富，且有一定的保健功效，能防治多种疾病。从古至今的中医学都认为鸽肉有补肝壮肾、益气补血、清热解毒、生津止渴等功效。鸽子肉要挑选鸽的体表光滑、呈现乳白色的，好的鸽子肉应当是香气四溢的，而质量一般的鸽子能够闻到腹腔的腥霉味，如果异味较浓则说明鸽子已变质。新鲜优质的鸽子摸上去很结实。

图 3-3-2　鸽子原料

五、制作过程

（一）鸽子的细加工方法

1. 鸽子切块的操作方法

其方法如图3-3-3所示。

步骤一：将鸽子平放于墩面。

步骤二：左手扶稳原料，右手持刀，砍掉鸽子头和颈。

步骤三：将鸽子背部朝下从中间切开。

步骤四：将鸽子两边翅膀剁下来。

步骤五：将鸽子再次从中间剁开，呈宽3厘米长条。

步骤六：再将条剁成块。

图3-3-3　鸽子加工

2. 鸽子切块的技术要求

右手握牢刀柄，防止脱手伤人，但也不要握得太呆板，不利于操作。将原料在墩面上放平稳，左手扶料要离落刀处远一点，防止伤手。落刀要充分有力、准确，尽量不重刀，将原料一刀砍断。

（二）菜品切制后的保鲜

将加工好的鸽子块放入保鲜盒内，外标加工原料品名、日期、重量和加工厨师姓名，入保鲜柜保鲜（温度控制在1～4摄氏度）。

六、评价标准

原料细加工规格如表 3-3-1 所示。

表 3-3-1 原料细加工规格

原料名称	评价标准	权重/%	得分
鸽子600克	加工后鸽子块应洁净、形态规整	20	
	一项不超过10分钟	20	
	鸽子肉块 3厘米见方	40	
	操作过程符合砧板卫生标准	20	

单元四 水产类原料细加工

单元导读

一、学习内容

单元四的工作任务分别是草鱼的细加工、鳝鱼的细加工、鱿鱼的细加工、海螺的细加工、白虾的细加工、螃蟹的细加工，是从水产类原料中选取的典型初加工原料。通过加工以上原料，可以让学生了解水产类原料初加工的操作步骤。要求学生能运用草鱼分档取料、牡丹花刀、松鼠鱼花刀、菊花花刀、直刀法直刀剞、麦穗形花刀、松果形花刀、直刀法拍刀砍（劈）、螃蟹出肉，巩固练习之前学习的直刀法推拉切、平刀法平刀推片下片、平刀法平刀拉片（批）、直刀法推切、直刀法直刀砍（劈）等技法对原料进行细加工，为热菜厨房提供符合标准的原料。

二、任务简介

本单元由六个任务组成，其中任务一是"草鱼"细加工，选用典型草鱼肉为原料。利用分档取料进行草鱼分档，利用花刀工艺形牡丹花刀、松鼠鱼花刀、菊花花刀等技法对草鱼肉进行细加工。

任务二是"鳝鱼"细加工，选用典型鳝鱼为原料。利用直刀法直刀剞、直刀法推拉切等技法对鳝鱼进行细加工。

任务三是"鱿鱼"细加工，选用典型鱿鱼为原料。利用花刀工艺形麦穗形花刀、松果形花刀等技法对鱿鱼进行细加工。

任务四是"海螺肉"细加工，选用典型海螺肉为原料。利用平刀法平刀推片下片法等技法对海螺肉进行细加工。

任务五是"白虾"细加工，选用典型白虾肉为原料。利用平刀法平刀拉片（批）、直刀法推切等技法对白虾肉进行细加工。

任务六是"螃蟹"细加工，选用典型河蟹为原料。利用直刀法拍刀砍（劈）、直刀法直刀砍（劈）、螃蟹出肉等技法对河蟹进行细加工。

三、学习要求

本单元的学习任务要求要在与企业厨房生产环境一致的实训环境中完成。学生通过实际训练,能够初步体验适应砧板工作环境;能够按照砧板岗位工艺流程基本完成开档和收档工作;能够按照砧板岗位工艺流程运用砧板原料细加工技法完成水产类原料的细加工,为热菜厨房提供合格的细加工原料,并在工作中培养合作意识、安全意识和卫生意识。

任务一　草鱼的细加工

一、任务描述

[内容描述]

在厨房砧板岗位环境中，利用花刀工艺形牡丹花刀、松鼠鱼花刀、菊花花刀等技法，为炒锅提供加工好的鱼肉原料。

[学习目标]

（1）理解牡丹花刀、松鼠鱼花刀、菊花花刀的操作要领。
（2）对初加工后的草鱼品质进行鉴别。
（3）能用花刀工艺型对草鱼进行牡丹花刀、松鼠鱼花刀、菊花花刀的加工。
（4）能够对加工好的草鱼原料进行保管。
（5）培养学生码放砧板厨房工具的习惯。

二、相关知识

[牡丹花刀]

牡丹花刀（翻刀形花刀）的刀纹是运用斜刀（或直刀）推剞、平刀片（批）等方法混合加工制成。因为这种方法加工出来的每片料形都像牡丹花的花瓣，故而取名"牡丹花刀"。

适应原料：平鱼、鲤鱼、鳜鱼等。

[松鼠鱼花刀]

松鼠鱼花刀是运用斜刀拉剞、直刀剞等方法加工而成的。这种花刀经过拍粉、油炸等加工过程，在加热时由于鱼皮受热收缩卷曲，再加上鱼肉受热变形而形成造型独特的松鼠羽毛的形状。

适应原料：鲤鱼、鳜鱼、黑鱼等。

[菊花花刀]

菊花花刀是运用直刀推剞的方法加工而成的。如果原料的厚度比较薄，也可以使用斜刀和直刀混合剞的方法加工而成。

适应原料：鳜鱼、鸡脯、猪里脊等。

三、成品标准

对鳜鱼、草鱼进行细加工，细加工后的鳜鱼应为牡丹花刀，草鱼应为松鼠鱼花刀、菊花花刀（如图4-1-1所示）。

（a）

（b）

（c）

图4-1-1　鱼加工成品

（a）牡丹花刀；（b）松鼠鱼花刀；（c）菊花花刀

四、加工前准备

[砧板工作环境]

砧板厨房应具备保鲜柜、冷柜。室内常温，光线明亮，有上下水、水池、工作台、相对独立的工作环境。

[砧板工具]

菜墩、片刀、刮皮刀、刀架、挡刀棍、磨刀石、料筐、桶、盆、方盘、马斗。

[砧板设备]

不锈钢四门冰柜、货架车、卧式冷藏冰箱、操作台、单槽水池、蔬菜甩干机。

[原料准备]

（1）鳌花鱼［如图4-1-2（a）所示］又叫鳜鱼，是无鳞鱼，属于分类学中的脂科鱼类。鳌花鱼是"三花五罗"中最名贵的鱼，过去一般百姓很难消费得起，那时每斤[①]鳌花鱼的售价几乎是鲤鱼的两倍。鳌花鱼身体侧扁，背部隆起，身体较厚，尖头，是河中很美丽的一种鱼。

（2）草鱼［如图4-1-2（b）所示］的俗称有鲩、油鲩、草鲩、白鲩、草根（东北）、混子、黑青鱼等。草鱼栖息于平原地区的江河湖泊，一般喜居于水的中下层和近岸多水草区域。性活泼，游泳迅速，常成群觅食，为典型的草食性鱼类。其生长迅速，饲料来源广，是中国淡水养殖的四大鱼之一。

---

① 1斤=500克。

（a）

（b）

图 4-1-2　鱼加工原料

（a）鳜鱼；（b）草鱼

五、制作过程

（一）鳜鱼、草鱼的细加工方法

1. 牡丹花刀的操作方法

其方法如图 4-1-3 所示。

步骤一：加工时将原料两面都均匀地剞上深至鱼骨的刀纹。

步骤二：然后再用刀平片进原料深 2～2.5 厘米。

步骤三：最后将肉片翻起，如此反复进行，直至剞到鱼尾，一面剞完再剞另一面。

步骤四：牡丹花刀成形。

图 4-1-3　牡丹花刀

2. 牡丹花刀的技术要求

原料应选择净重约为 1 500 克的鲤鱼为宜，每片大小要一致。每面剞刀次数要相等，而且要注意两面对称。

3. 松鼠鱼花刀的操作方法

其方法如图 4-1-4 所示。

步骤一：先将鱼头去掉。

步骤二：沿脊骨用刀平片至尾部（不能断开）。

步骤三：斩去脊骨并片去胸刺。

步骤四：然后在两扇鱼片的肉面剞上直刀纹，刀距0.4~0.6厘米。

步骤五：将鱼肉旋转一个角度，再斜剞上平行的刀纹，刀距0.4~0.6厘米。直刀纹和斜刀纹均剞到鱼皮（但不能剞破鱼皮），两刀相交构成菱形刀纹。

步骤六：将鱼头劈开。

图 4-1-4　松鼠鱼花刀

4. 松鼠鱼花刀的技术要求

刀距的大小、刀纹的深浅以及斜刀的角度都要均匀一致，原料应选择净重约为1 000克的为宜。

5. 菊花花刀的操作方法

其方法如图4-1-5所示。

步骤一：将鱼片放在砧板中间，左手按住原料，右手持刀，用斜刀拉片方法将鱼肉（鱼片厚度约0.3厘米）片至鱼皮（先不要切断），共切5片再断开。

步骤二：将切好的鱼肉放在砧板上，利用直刀切将鱼片切成丝，直至切完。

步骤三：将切好的菊花鱼放入清水中浸泡。

图 4-1-5　菊花形花刀

6. 菊花花刀的技术要求

刀距的大小、刀纹的深浅以及斜刀的角度都要均匀一致，原料应选择净重约为 1 000 克的为宜。

（二）菜品切制后的保鲜

将加工好的鱼肉放入保鲜盒内，外标加工原料品名、日期、重量和加工厨师姓名，入保鲜柜保鲜（温度控制在 1 ~ 4 摄氏度）。

六、评价标准

原料细加工规格如表 4-1-1 所示。

表 4-1-1　原料细加工规格

原料名称	评价标准	权重/%	得分
草鱼1 500克	加工后草鱼应洁净、形态规整	10	
	四项不超过50分钟	10	
	牡丹花刀	20	
	松鼠鱼花刀	20	
	菊花花刀	25	
	操作过程符合砧板卫生标准	15	

任务二　鳝鱼的细加工

一、任务描述

[内容描述]

在厨房砧板岗位环境中，利用直刀法直刀剞、直刀法推拉切等技法，为炒锅提供加工好的鳝鱼丝、鳝鱼段原料。

[学习目标]

（1）理解鳝鱼丝、鳝鱼段的操作要领。

（2）对初加工后的鳝鱼品质进行鉴别。

（3）能用直刀法直刀剞对鳝鱼进行切段加工。能用直刀法推拉切对鳝鱼进行切段和丝加工。

（4）能够对加工好的鳝鱼原料进行保管。

（5）培养学生砧板厨房的合作意识。

二、相关知识

[直刀法直刀剞]

直刀剞与直刀切相似，只是刀在运行时不要完全将原料断开。根据原料成形的规格要求，刀运行到一定深度时即要停刀，在原料上切成直线刀纹。

[直刀法推拉切]

推拉切是一种推刀切与拉刀切连贯起来的刀法。操作时，刀先向前推切，接着再向后拉切，采用前推后拉相结合的方法迅速将原料断开。这种刀法效率较高，主要用于把原料加工成丝、片的形状。

三、成品标准

对鳝鱼进行细加工，细加工后的鳝鱼应为丝、段两种。丝：长 7 厘米、粗 0.3 厘米 × 0.3 厘米；段长 6 厘米（如图 4-2-1 所示）。

（a） （b）

图 4-2-1　鳝鱼成品

（a）鳝鱼丝；（b）鳝鱼段

四、加工前准备

[砧板工作环境]

砧板厨房应具备保鲜柜、冷柜。室内常温，光线明亮，有上下水、水池、工作台、相对独立的工作环境。

[砧板工具]

菜墩、片刀、刮皮刀、小刀、刀架、挡刀棍、磨刀石、料筐、桶、盆、方盘、马斗。

[砧板设备]

不锈钢四门冰柜、货架车、卧式冷藏冰箱、操作台、单槽水池、蔬菜甩干机。

[原料准备]

鳝鱼（如图 4-2-2 所示）俗称黄鳝、白鳝、长鱼（苏北一带）。我国分布有两种，一种即为常见的黄鳝；还有一种为山黄鳝，目前只在云南陇川县有分布。

图 4-2-2　鳝鱼原料

五、制作过程

（一）鳝鱼的细加工方法

1. 鳝鱼切丝的操作方法

其方法如图 4-2-3 所示。

步骤一：左手扶稳原料，右手持刀，先将鳝鱼切成 7 厘米的段。

步骤二：用直刀法推拉切丝，丝长 7 厘米，粗 0.3 厘米。

图 4-2-3　鳝鱼切丝

2. 鳝鱼切丝的技术要求

首先要求掌握推刀切和拉刀切各自的刀法，再将两种刀法连贯起来。操作时，用力要充分，动作要连贯。

3. 鳝鱼切段的操作方法

用直刀法推切将鳝鱼切成 6 厘米的段（如图 4-2-4 所示）。

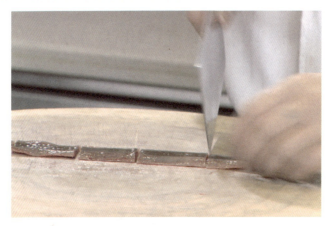

图 4-2-4　鳝鱼切段

4. 鳝鱼切段的技术要求

左手扶料要稳，运用指法从右前方向左后方移动，保持刀距均匀。

（二）菜品切制后的保鲜

将加工好的鳝鱼放入保鲜盒内，外标加工原料品名、日期、重量和加工厨师姓名，入保鲜柜保鲜（温度控制在 1～4 摄氏度）。

六、评价标准

原料细加工规格如表 4-2-1 所示。

表 4-2-1 原料细加工规格

原料名称	评价标准	权重/%	得分
鳝鱼（丝400克，段500克）	加工后鳝鱼丝、鳝鱼段应洁净、形态规整	10	
	两项不超过25分钟	10	
	鳝鱼丝长7厘米、粗0.3厘米×0.3厘米	35	
	鳝鱼段长6厘米	25	
	操作过程符合砧板卫生标准	20	

任务三 鱿鱼的细加工

一、任务描述

[内容描述]

在厨房砧板岗位环境中,利用花刀工艺形麦穗形花刀、松果形花刀等技法,为炒锅提供加工好的鱿鱼原料。

[学习目标]

(1)理解麦穗花刀、松果形花刀的操作要领。
(2)对初加工后的鱿鱼品质进行鉴别。
(3)能用麦穗花刀、松果形花刀对鱿鱼进行细加工。
(4)能够对加工好的鱿鱼原料进行保管。
(5)培养学生砧板厨房的沟通能力。

二、相关知识

[麦穗形花刀]

麦穗形花刀的刀纹是运用直刀推剞和斜刀推剞加工制成的。

[松果形花刀]

松果形花刀的刀纹是运用斜刀推剞,深度约为原料厚度的五分之四,进刀倾斜度为45度左右。

三、成品标准

对鱿鱼进行细加工,细加工后的鱿鱼应为麦穗形、松果形两种,其中麦穗形为长5厘米、宽4厘米,松果形则为边长5厘米的三角形(如图4-3-1所示)。

（a） （b）

图 4-3-1 鱿鱼成品

（a）麦穗形；（b）松果形

四、加工前准备

[砧板工作环境]

砧板厨房应具备保鲜柜、冷柜。室内常温，光线明亮，有上下水、水池、工作台、相对独立的工作环境。

[砧板工具]

菜墩、片刀、刮皮刀、刀架、挡刀棍、磨刀石、料筐、桶、盆、方盘、马斗。

[砧板设备]

不锈钢四门冰柜、货架车、卧式冷藏冰箱、操作台、单槽水池、蔬菜甩干机。

[原料准备]

鱿鱼（如图 4-3-2 所示），也称柔鱼、枪乌贼。目前市场上看到的鱿鱼有两种，一种是躯干部较肥大的鱿鱼，它的名称叫"枪乌贼"；一种是躯干部细长的鱿鱼，它的名称叫"柔鱼"，小的柔鱼俗名叫"小管仔"。

图 4-3-2 鱿鱼原料

五、制作过程

（一）鱿鱼的细加工方法

1. 花刀工艺形麦穗形花刀的操作方法

其方法如图 4-3-3 所示。

步骤一：右手持刀，左手扶稳原料。加工时先用斜刀推剞，倾斜角度约为 45 度。刀纹深度是原料厚度的五分之三。

步骤二：然后再转动一个角度采用直刀推剞，直刀剞与斜刀剞相交，以 70~80 度为宜。深度是原料的五分之四。

步骤三：最后将原料改刀切成长方块。

图 4-3-3　麦穗形花刀

2. 花刀工艺形麦穗形花刀的技术要求

刀距的大小、刀纹的深浅、斜刀角度都要均匀一致；麦穗剞刀的倾斜角度越小，则麦穗越长；麦穗剞刀倾斜角度的大小，应视原料的厚薄做灵活调整。

3. 花刀工艺形松果形花刀的操作方法

其方法如图 4-3-4 所示。

步骤一：左手扶稳原料，右手持刀，运用斜刀推剞的方法在原料上进行剞刀，深度约为原料厚度的五分之四，进刀倾斜度为 45 度。

步骤二：然后再转动一个角度采用斜刀推剞，深度仍然是原料厚度的五分之四，进刀倾斜度为 45 度。

步骤三：将剞好刀的鱿鱼切成三角形。

图 4-3-4　松果形花刀

4. 花刀工艺形松果形花刀的技术要求

在加工时务必保持刀距的大小、刀纹的深浅，分块的形状和大小都要均匀一致。

（二）菜品切制后的保鲜

将加工好的鱿鱼放入保鲜盒内，外标加工原料品名、日期、重量和加工厨师姓名，入保鲜柜保鲜（温度控制在 1～4 摄氏度）。

六、评价标准

原料细加工规格如表 4-3-1 所示。

表 4-3-1　原料细加工规格

原料名称	评价标准	权重/%	得分
鱿鱼300克	加工后鱿鱼应洁净、形态规整	10	
	一项不超过10分钟	20	
	麦穗形花刀长5厘米、宽4厘米	30	
	松果形花刀边长5厘米	30	
	操作过程符合砧板卫生标准	10	

任务四 海螺的细加工

一、任务描述

[内容描述]

在厨房砧板岗位环境中,利用平刀法平刀推片下片等技法,为炒锅提供加工好的海螺片原料。

[学习目标]

(1)理解海螺片的操作要领。
(2)对初加工后的海螺品质进行鉴别。
(3)能用平刀法平刀推片下片对海螺进行细加工。
(4)能够对加工好的海螺原料进行保管。
(5)培养学生砧板厨房的团队精神。

二、相关知识

[平刀法—平刀推片]

平刀法是指刀与墩面平行、呈水平运动的刀工技法。此刀法用于加工无骨、富有弹性、强韧性的原料,柔软的原料或经煮熟后柔软的原料,是一种较为精细的刀工。这种刀法可分为平刀直片、平刀推片、平刀拉片、平刀抖片、平刀滚料片等。

平刀推片下片法,即在原料的下边起刀,左手扶稳原料,右手将刀端平,根据目测厚度或根据经验,将刀锋推进原料,再行平刀推片,将原料一层层地片开。

适应原料:猪肉、鲍鱼肉、鸡胸肉。

三、成品标准

对海螺进行细加工,细加工后的海螺只有片一种(如图4-4-1所示)。

图 4-4-1　海螺成品

四、加工前准备

[砧板工作环境]

砧板厨房应具备保鲜柜、冷柜。室内常温，光线明亮，有上下水、水池、工作台、相对独立的工作环境。

[砧板工具]

菜墩、片刀、刮皮刀、刀架、挡刀棍、磨刀石、料筐、桶、盆、方盘、马斗。

[砧板设备]

不锈钢四门冰柜、货架车、卧式冷藏冰箱、操作台、单槽水池、蔬菜甩干机。

[原料准备]

海螺（如图 4-4-2 所示）属软体动物腹足类，产于我国沿海浅海海底。螺贝壳边缘轮廓略呈四方形，海螺壳大而坚厚，呈灰黄色或褐色，壳面粗糙，具有排列整齐而平的螺肋和细沟，壳口宽大，壳内面光滑呈红色或灰黄色，最大可达 18 厘米，平均大小为 7～10 厘米。

图 4-4-2　海螺原料

五、制作过程

（一）海螺的细加工方法

1. 海螺切片的操作方法

其方法如图 4-4-3 所示。

步骤一：将原料放置于墩面右侧，左手扶按原料，右手持刀，并将刀端平，放于原料的下端。

步骤二：用刀刃的前部对准原料被片的位置，并根据目测厚度将刀锋进入原料内部。用力推片，使原料移至刀刃的中后部位，片开原料。

图 4-4-3　海螺加工

2. 海螺切片的技术要求

在推片过程中一定要将原料按稳，防止滑动，刀锋片（批）进原料之后，左手施加一定的向下压力，将原料按实，便于行刀，也便于提高片的质量。刀在运行时用力要充分，尽可能将原料一刀片开，如果一刀未断开，可连续推片（批）直至原料完全片（批）开为止。

（二）菜品切制后的保鲜

将加工好的海螺片放入保鲜盒内，外标加工原料品名、日期、重量和加工厨师姓名，入保鲜柜保鲜（温度控制在 1～4 摄氏度）。

六、评价标准

原料细加工规格如表 4-4-1 所示。

表 4-4-1　原料细加工规格

原料名称	评价标准	权重/%	得分
海螺500克	加工后海螺片应洁净、形态规整	20	
	一项不超过20分钟	20	
	海螺片	40	
	操作过程符合砧板卫生标准	20	

任务五　白虾的细加工

一、任务描述

[内容描述]

在厨房砧板岗位环境中,利用平刀法平刀拉片(批)、直刀法推切等技法,为炒锅提供加工好的白虾球、白虾丁原料。

[学习目标]

(1)理解白虾球、白虾丁的操作要领。
(2)对初加工后的白虾品质进行鉴别。
(3)能用平刀法平刀拉片(批)、直刀法推切对白虾进行细加工。
(4)能够对加工好的白虾原料进行保管。
(5)培养学生砧板厨房的食品卫生法规习惯。

二、相关知识

[平刀拉片(批)]

平刀拉片(批)这种刀法,操作时要求刀膛与墩面或原料平行,刀从后向前运行,一层一层将原料片(批)开。应用此法主要是将原料加工成片的形状,在片的基础上,再运用其他刀法,可加工出丝、条、丁、粒、末等形状。

适应原料:鸡肉、鱼肉、鸭肉、猪肉、虾肉等。

三、成品标准

对白虾进行细加工,细加工后的白虾应为丁、球两种。球片至虾肉二分之一处;丁1厘米见方(如图4-5-1所示)。

（a） （b）

图 4-5-1　白虾成品

（a）丁；（b）球

四、加工前准备

[砧板工作环境]

砧板厨房应具备保鲜柜、冷柜。室内常温，光线明亮，有上下水、水池、工作台、相对独立的工作环境。

[砧板工具]

菜墩、片刀、刮皮刀、刀架、挡刀棍、磨刀石、料筐、桶、盆、方盘、马斗。

[砧板设备]

不锈钢四门冰柜、货架车、卧式冷藏冰箱、操作台、单槽水池、蔬菜甩干机。

[原料准备]

南美白对虾（如图 4-5-2 所示）是当今世界养殖产量最高的三大虾类之一。南美白对虾原产于南美洲太平洋沿岸海域，中国科学院海洋研究所张伟权教授率先由美国引进此虾。

图 4-5-2　白对虾原料

五、制作过程

（一）白虾的细加工方法

1. 片虾球的操作方法

其方法如图 4-5-3 所示。

步骤一：从白虾背部横面三分之一处片切一刀。

步骤二：从白虾背部横面三分之二处片切第二刀。

步骤三：将片好的虾球放入水中清洗。

步骤四：将虾球放入干毛巾里吸干水分。

步骤五：将虾球拨开卷曲。

图 4-5-3　白虾加工

2. 片虾球的技术要求

由于虾是弯曲的，所以片切时应该注意刀随着虾的走向来片切。在拉片过程中一定要将原料按稳，防止滑动，刀锋片（批）进原料之后，左手施加一定的向下压力，将原料按实，便于行刀。刀在运行时用力要充分，尽可能将原料一刀片开，但不能片断。

3. 切虾粒的操作方法

其方法如图 4-5-4 所示。

步骤一：将虾肉放置于砧板中心。

步骤二：左手扶稳原料，运用直刀切将虾肉加工成粒。

步骤三：将剩余原料用直刀切全部切完。

图 4-5-4　虾粒加工

4．切虾粒的技术要求

扶稳原料，下刀准确，大小一致。

（二）菜品切制后的保鲜

将加工好的白虾粒、白虾球放入保鲜盒内，外标加工原料品名、日期、重量和加工厨师姓名，入保鲜柜保鲜（温度控制在 1 ~ 4 摄氏度）。

六、评价标准

原料细加工规格如表 4-5-1 所示。

表 4-5-1　原料细加工规格

原料名称	评价标准	权重/%	得分
白虾400克	加工后虾球、虾粒应洁净、形态规整	20	
	两项不超过20分钟	20	
	虾球片至虾肉二分之一处	20	
	虾丁1厘米见方	20	
	操作过程符合砧板卫生标准	20	

任务六　螃蟹的细加工

一、任务描述

[内容描述]

在厨房砧板岗位环境中,利用直刀法拍刀砍(劈)等技法,为炒锅提供加工好的螃蟹块原料。

[学习目标]

(1) 理解螃蟹块的操作要领。
(2) 对初加工后的螃蟹品质进行鉴别。
(3) 能用平直刀法拍刀砍(劈)对螃蟹进行细加工。
(4) 能够对加工好的螃蟹原料进行保管。
(5) 增强学生砧板厨房的安全意识。

二、相关知识

[拍刀砍(劈)]

这种刀法,操作时要求右手持刀,并将刀刃压在原料被砍的位置,左手半握拳或伸平,用掌心或掌根向刀背拍击,将原料砍断。

适应原料:鸡腿、排骨、鸡爪、猪蹄等。

三、成品标准

对螃蟹进行细加工,细加工后的螃蟹应为片块、肉两种。块大约4厘米见方(如图4-6-1所示)。

图 4-6-1　螃蟹成品

四、加工前准备

[砧板工作环境]

砧板厨房应具备保鲜柜、冷柜。室内常温，光线明亮，有上下水、水池、工作台、相对独立的工作环境。

[砧板工具]

菜墩、片刀、刮皮刀、刀架、挡刀棍、磨刀石、料筐、桶、盆、方盘、马斗。

[砧板设备]

不锈钢四门冰柜、货架车、卧式冷藏冰箱、操作台、单槽水池、蔬菜甩干机。

[原料准备]

螃蟹（如图 4-6-2 所示），节肢动物门甲壳纲动物。头部和胸部结合而成的头胸甲呈方圆形，质地坚硬。身体前端长着一对眼，侧面具有两对十分坚固锐利的蟹齿。螃蟹最前端的一对附肢叫螯足，表面长满绒毛；螯足之后有 4 对步足，侧扁而较长；腹肢已退化。螃蟹的雌雄可从它的腹部辨别：雌性腹部呈圆形，称膏蟹；雄性腹部为三角形，称肉蟹。内河名蟹有阳澄湖大闸蟹、固城湖大闸蟹、梁子湖大闸蟹等。挑选时选择鲜活、个头丰满为佳。

图 4-6-2　螃蟹原料

五、制作过程

(一)螃蟹的细加工方法

1. 切螃蟹块的操作方法

其方法如图 4-6-3 所示。

步骤一:右手持刀,并将刀刃压在原料被砍的位置。

步骤二:左手半握拳或伸平,用掌心或掌根向刀背拍击,将原料砍断。

步骤三:将螃蟹均匀地斩成四块,每块带两只腿。

图 4-6-3 螃蟹加工

2. 切螃蟹块的技术要求

右手持刀,刀刃要压稳原料,拍刀时要用力,注意安全,防止螃蟹夹手。

(二)菜品切制后的保鲜

将加工好的螃蟹块放入保鲜盒内,外标加工原料品名、日期、重量和加工厨师姓名,入保鲜柜保鲜(温度控制在 1~4 摄氏度)。

六、评价标准

原料细加工规格如表 4-6-1 所示。

表 4-6-1 原料细加工规格

原料名称	评价标准	权重/%	得分
螃蟹5只	加工后蟹肉块、蟹肉应洁净、形态规整	20	
	两项不超过20分钟	25	
	蟹肉块4厘米见方	30	
	操作过程符合砧板卫生标准	25	

附录一 砧板开档与收档

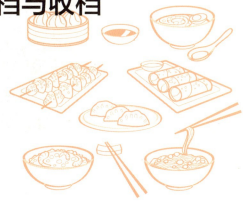

一、开档步骤

1. 关闭灭蝇灯

（1）关掉电源，用干布掸去灯网内尘土；

（2）用湿布擦净上面各部位的尘土，待其干后通电使用；

（3）灭蝇灯要求灯网内无异物、尘土，无死蝇，使用正常。

2. 清洗双手

（1）取适量的洗手液于掌心；

（2）掌心对掌心搓揉；

（3）手指交错，掌心对手背揉搓；

（4）手指交错，掌心对掌心揉搓；

（5）双手或握相互揉搓；

（6）指心在掌心揉搓；

（7）左手自右手腕部、前臂至肘部旋转揉搓。

3. 清洁砧板工具

（1）用前在洗涤水中洗至无油、无杂物；

（2）放入3/10 000的优氯净中浸泡20分钟，取出用清水冲净，或用蒸笼蒸15分钟，用消毒毛巾擦干净水分；

（3）熟食品器皿做到专消毒、专保存、专使用。盘子和工具要求干净、光亮、无油，无杂物，经过消毒。

步骤如附图1-1所示。

（a） （b）

（c）

附图1-1 开档步骤

（a）关闭灭蝇灯；（b）清洗双手；（c）清洗盘子和工具

4. 加热消毒工具及墩面

（1）热水擦洗干净后，用3/10 000的优氯净消毒，热水加洗涤剂倒在墩子上，用板刷把整个墩子刷洗后用清水冲净，竖放在通风处（如附图1-2所示）。

（2）每两天用汽锅蒸煮20分钟。墩面要求无油，墩面洁净、平整，无异味，无霉点。用板刷将所有的工具清洗干净，要求干净、无异味、无油污。

（a） （b）

附图1-2 加热消毒工具及墩面

（a）优氯净消毒；（b）刷洗墩子

5. 领取原料

搞好卫生后，查看提前开出的原料单据，根据数量和规格，到原料库房领取原料，在领料过程中应将所领取的原料上秤称量或点数，以免和领料单上的原料重量或数目不符。将原料拿入厨房仔细检查质量，即外观和内在质量，如发现有腐烂变质、不新鲜的原料，应立即退还库房，绝不能用其制作菜肴。

其步骤如附图 1-3 所示。

附图 1-3　领料

(a) 依单领料；(b) 领取原料；(c) 验收原料

二、收档步骤

1. 清理剩余原料及清洗水池

步骤如附图 1-4 所示。

（1）打开门，清理出前日剩余食品；

（2）用洗涤剂水擦洗内部，洗净所有的屉架及内壁底角四周，捡去底部杂物，擦去残留的水和菜汤；

（3）冰箱门内侧的密封皮条和排风口擦至无油泥，无霉点；

（4）内部消毒，用 3/10 000 的优氯净将冰箱内全部擦拭一遍；

（5）外部用洗涤剂水擦至无油，用清水擦两遍，清除冰箱把手和门沿的油泥，用清水擦净，再用干布把冰箱整个外部擦干至光洁；

（6）用夹子将在 3/10 000 优氯净中浸泡 20 分钟的小毛巾夹在冰箱把手处，以便手和冰箱不直接接触，以免交叉污染。小毛巾须保持湿润，以保证消毒的效果；

（7）把冰箱底部的腿、轮子擦至光亮。恒温冰箱温度合理，内部干净，无积水，无异味，无带泥制品，无脏容器和原包装箱，无罐头制品，码放整齐，符合卫生标准，外部干净明亮，内外任何地方无油泥和尘土。

用洗涤剂水擦洗清洗水池，清洗四周内壁，捡去底部杂物，使水池光亮如新，无油污。

附图1-4　清理和清洗

（a）包裹剩余菜料；（b）剩余原料放冰箱；（c）清洗水池

2. 扫地、拖地、整理工具

附图1-5　清洗

（a）扫地；（b）拖地；（c）清洁砧板，立于操作台面上

扫净地面垃圾废料，倒入垃圾箱里后，用湿拖布浇上温水沏制的洗涤剂水，从里向外由厨房一端横向擦至另一端。用清水洗净拖布，反复擦两遍。然后将用过的工具归还到原处（如附图1-5所示）。

(1) 常用设备介绍。

附图1-6 设备

(a) 不锈钢四门冰柜; (b) 货架车; (c) 卧室冷藏冰箱; (d) 操作台; (e) 单槽水池; (f) 蔬菜甩干机

其设备如附图1-6所示。

四门冰柜：在砧板岗位中，主要负责将细加工好的果蔬类及肉类、水产类原料用保鲜膜包好后放入冰箱冷藏。一般上层放蔬菜类，下层放肉类、水产类。

水槽：是厨房最重要的清洁工具，一般用来清洗蔬菜、手和器皿。日常清洁主要用刷子将槽内的杂物扫至漏斗上，提漏斗将杂物倒入垃圾桶；安好漏斗倒入洗涤剂，用刷子刷洗，用清水冲净。要求无杂物，无油垢，水流畅通。

操作台：是厨房中操作用的台面，主要用于放置墩子、不锈钢器具和餐具，是厨房重要的设备之一。主要清洁是操作前用洗涤剂把所有不锈钢操作台面擦两遍后，用3/10 000的优氯净消毒水擦拭一遍；用干净无油的布擦干。操作期间不与台面直接接触，应放入消毒后的专用不锈钢盘内。下脚料不堆放在桌面上，应放入下脚料的筐中，随时保持桌面整洁、利落。把柜内东西取出，用洗涤剂水擦洗四壁及角落，再用清水擦净擦干。把要放入的东西清理后依次放入。把柜门里外及柜外底部依次用洗涤剂水擦去油污，清水冲净后，用干布擦至光亮。

操作台要求干净，光亮，无油，无杂物，经过消毒。柜内无杂物，无有毒有害及私人物品，干净整洁，外部光亮，无油泥，干爽。

（2）砧板常用工具（如附图1-7所示）。

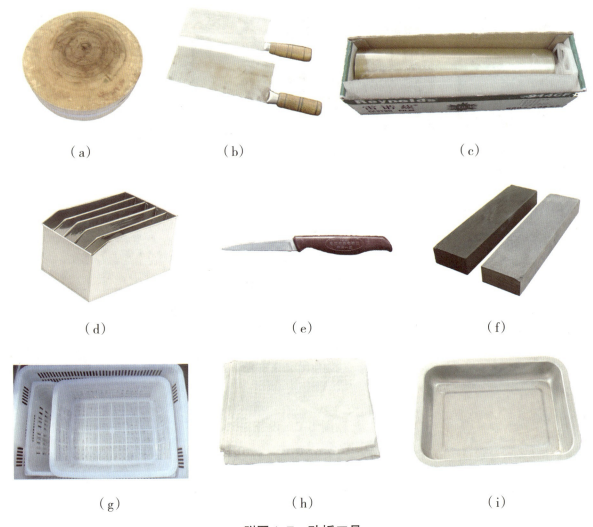

附图1-7　砧板工具

（a）砧板；（b）片刀；（c）保鲜膜；（d）刀盒；（e）手刀；（f）磨刀石；（g）菜筐；（h）手布；（i）托盘

 砧板岗位工具保养与正确的操作姿势

一、刀具的保养

刀具使用后的保养是延长刀具寿命、确保砧板切配质量的重要方法。刀具保养时应做到以下几点：

（1）用刀以后必须以清水洗净刀身，再用洁布擦干刀身两面的水分，特别是切咸味的或带有黏性的原料，如咸菜、藕、菱等原料，切后黏附在刀两侧的鞣酸容易氧化而使刀面发黑，而且盐渍对刀具有腐蚀性，故刀用完后必须用清水洗净擦干。

（2）刀具使用之后，必须固定挂在刀架上，或放入刀盒内，不可碰撞硬物，以免损伤刀刃。

（3）遇到气候潮湿的季节，铁刀用完后，应该擦干水渍，再在刀身两面涂抹一层干淀粉或涂上一层植物油，以防生锈和腐蚀。

二、砧板的选择与保养

砧板（又称墩子、菜墩），是对细加工原料加工时的衬垫工具。切配与砧板有着密切的关系，砧板质地的优劣，关系到切配能否正常发挥。为此，切配时对砧板有一定的要求，如墩面要平整、质地不宜太软，以免影响刀工质量。

1. 砧板的选择

砧板一般都选择银杏木、橄榄木、柳木、榆木等作为材料锯制而成。这些树木质地坚实、木纹细腻、密度适中，无毒无异味，弹性好，不损刀刃。墩的尺寸以高 20 ~ 25 厘米、直径 35 ~ 45 厘米为宜。

2. 砧板的保养

新购买的砧板最好放入盐水中浸泡数小时或放入锅内加热煮透，使木质收缩，组织细密，以免菜墩干裂变形，达到结实耐用的目的。

砧板使用之后，要用清水或碱水涮洗，刮净油污，保持清洁。每隔一段时间后，还要用水浸泡数小时，使菜墩保持一定的湿度，以防干裂。用后要竖放在通风处，防止墩面被腐蚀。

砧板使用一段时间后，发现墩面凹凸不平，要及时修正、刨平，保持墩面平整。

3. 砧板的使用

使用砧板时，应在砧板的整个平面均匀使用，保持砧板磨损均衡，防止砧板凹凸不平，影响刀法的施展。因为砧板凹凸不平，切割时原料不易被切断。砧板也不可留有油污，如留有油污，在加工原料时容易滑动，既不好掌握刀距，又易伤害自身，同时，也影响卫生。

三、砧板细加工要求

烹饪原料在刀工的作用下，被分割成各种不同的形状，以适应烹调工序的需要。在加工切割原料时，应遵循如下几条原则：

1. 整齐划一

经细加工切割出来的料形，无论是丁、丝、条、片、块、粒还是其他的形状，都应做到"粗细均匀，长短一致，厚薄均匀，整齐美观"，这样的料形便于原料在正式烹调时受热均匀，并使各种调味品充分地渗透到菜肴内部。如果成形后的原料形状杂乱，有薄有厚，有粗有细，大小不匀，长短不齐，必然给烹调工序造成不应有的麻烦。

2. 清爽利落，连断分明

运用刀法，使细加工出来的料形，不仅要美观整齐，还要使原料的断面平整，不出毛边，更不应似断非断，藕断丝连。需要剞花的，要求刀距、宽窄、深浅、倾斜度都要一致，不可随意操作。

3. 配合烹调

原料形状加工的大小，一定要根据具体的烹饪技法的需要，如溜、爆、炒等烹调方法，要求加热时间短，旺火速成，这就要求料形以小、薄、细为宜；焖、烧、炖、靠、扒等烹调方法，因加热时间长，火力较小，对于料形以粗、大、厚为宜。辅料的形状和大小要服从主料，一般情况下应小于主料。

4. 合理利用

刀法应用必须合理，细加工不同质地的原料，要采用不同的刀法。韧性的原料在切片时，一般应采用推切或拉切；质地松散或蛋白质变性的原料，如面包、酱肉，一般应采用锯切。选择合适的刀法，能使切割出来的原料刀口整齐，省时省力，相反，就会把原料切碎、切破，导致加工质量的下降。

5. 物尽其用

在细加工处理原料时，要充分考虑到它的用途。落刀时要心中有数，合理用料，做到大材大用，小材小用，合理搭配，充分利用，不要盲目下刀，以免造成浪费。

6. 精研创新

砧板细加工刀工技术随着时代的发展而发展，时代向烹饪工作者提出了更高的要求。为了适应需要，满足国内外广大群众对美食的需求，每个烹饪工作者必须钻研新技术，研究新刀法，提高砧板细加工刀工技术，使原料的形状更加丰富多彩，使刀工技术向准、快、巧、美、新的方向发展。

四、砧板岗位厨师操作的基本姿势

砧板细加工刀工姿势是砧板岗位厨师的一项重要的基本功。内容包括站案姿势、握刀手势、放刀位置等。每种姿势都有着严格的要求，任何一个厨师都不能随意而为。

1. 站案姿势

正确的站案姿势（如附图 2-1 所示），要求身体保持自然正直，自然挺胸，头要端正，双眼正视两手操作的部位，腹部与菜墩保持 10~15 厘米的距离。菜墩放置的高度应以操作者身高的一半为宜，以不耸肩、不卸肩为度。双肩关节要自感轻松得当。

附图 2-1　站案姿势

站案时脚的姿态有两种：一种方法是双脚自然分开站立，呈外八字形，两脚尖分开，与肩同宽；另一种方法是呈稍息姿态。无论选择哪种方法，都要始终保持身体重心稳定，有利于控制上肢和灵活用力的方向（如附图 2-2 所示）。

附图 2-2 站姿稳定

2. 正确握刀手势

在砧板细加工刀工操作时，握刀的手势（如附图 2-3 所示）与原料的形状、质地和刀法有关。使用的刀法不同，握刀的手势也有所不同，但总的握刀要求是稳、准、狠，操作时还要做到"牢而不死，软而不虚，硬而不僵，轻松自然，灵活自如"，采用正确的握刀方法。

（a）

（b）

附图 2-3 握刀手势

（a）手势一；（b）手势二

3. 砧板工作操作前刀具正确的摆放位置

正确的放刀（如附图 2-4 所示）位置应当是：每次操作完毕以后，应将刀具放置在墩面中央，刀口向外，前不出尖，后不露柄，刀背、刀刃都不应露出墩面。

附录二 砧板岗位工具保养与正确的操作姿势 | 101

附图 2-4　正确放刀

4. 砧板厨师操作中刀具错误的摆放位置

错误放刀如附图 2-5 所示。

 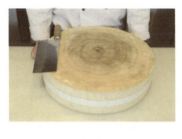 

（a）　　　　　　　　　（b）　　　　　　　　　（c）

附图 2-5　刀具错误摆放

（a）错误位置一；（b）错误位置二；（c）错误位置三

5. 刀具的日常管理守则

当刀具用毕之后，需要将刀挪动位置，放入刀箱（如附图 2-6 所示）。必须严格按照要求，保持正确姿势：右手横握刀柄，刀刃朝外放入刀箱。递刀时右手握住刀头，刀把朝向接刀人。

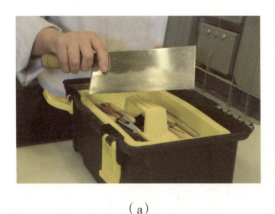 

（a）　　　　　　　　　　　　　　　（b）

附图 2-6　刀具管理

（a）收刀；（b）递刀